河南林木良种

（三）

谭运德　裴海潮　申洁梅　高福玲　主编

中国林业出版社

图书在版编目（CIP）数据

河南林木良种(三)/谭运德等主编．－北京：中国林业出版社，2016. 10

ISBN 978-7-5038-8745-1

Ⅰ．①河… Ⅱ．①谭… Ⅲ．①优良树种－河南 Ⅳ．①S722

中国版本图书馆 CIP 数据核字（2016）第 243647 号

责任编辑：于界芬

出版	中国林业出版社（100009 北京西城区刘海胡同 7 号）
网址	lycb. forestry. gov. cn **电话** 83143542
发行	中国林业出版社
印刷	北京中科印刷有限公司
版次	2016 年 10 月第 1 版
印次	2016 年 10 月第 1 次
开本	787mm × 1092mm 1/16
印张	11
字数	213 千字
定价	58. 00 元

本书编委会

主　　编：谭运德　裴海潮　申洁梅　高福玲
副 主 编：菅根柱　郑晓敏　崔向清　郭利勇
编写人员：（按姓氏笔画排序）

丁朝阳	于　宏	卫发兴	马永亮	王少明
王安亭	王运钢	王　丽	牛文魁	平忠亚
申明海	冯晓三	朱景乐	刘玉福	刘若楠
刘银萍	闫凤国	杨振宇	李　冰	李红卫
李怀钦	吴创业	宋言生	宋笑萍	张开颜
张元柯	张保贵	邵明丽	金绍武	周红勇
赵庆涛	赵　兵	胡新权	班龙海	高培红
郭利勇	郭春光	郭　磊	彭兴龙	彭志强
翟文继	樊　睿	穆　笋		

顾　　问：苏金乐
审　　稿：苏金乐

序

　　林木种苗是一项长期性、超前性、区域性很强的基础工作，它关系到造林的成败和林业工作目标任务的实现。林木良种的培育，更是影响林业发展质量和效益的关键环节，是林业发展进程中十分重要的基础工作。"一粒种子可以改变一个世界，一个品种可以造福一个民族。"可见良种之重要！加快推进林木良种化进程，是转变林业发展方式带有根本性和战略性的选择，是林业全面落实科学发展观的重要举措，事关国家林业发展"双增"战略目标的实现，事关现代林业建设成效和林农增收增效与脱贫致富的大局，事关新常态下林业可持续发展的根本。

　　河南省地处中原，属南北过渡气候，境内地形复杂，植物种类繁多，据调查，全省现有树木资源 92 科 220 属 1122 种。丰富的植物资源为河南林木良种选育工作提供了良好的物质基础。多年来，在省委、省政府的正确领导和国家林业局的大力支持下，经过各级科研教学生产单位的共同努力，河南省林木良种选育工作保持了良好发展态势，取得了显著成效。截止到 2015 年，河南省共审（认）定林木品种 18 批 458 个，居全国各省（自治区、直辖市）前列；全省林木良种使用率已由 2000 年的 38% 提高到 2015 年的 68%，高于全国平均水平。林木新品种的选育和推广应用，极大地丰富了河南省林木良种资源，为河南省林业生态体系、产业体系建设及农民增收、农业结构调整做出了重要贡献。

　　《河南林木良种（三）》是继 2013 年《河南林木良种（二）》出版后推出的又一部反映河南省林木良种繁育成果的科技读物，是对河南省林木育种成果的阶段性集中展示，也是对育种工作者辛勤劳动和研究成果的充分肯定，更重要的是为林业工作者和广大林农提供了一部实用的工具书。该书全面系统地汇总了 2013～2015 年河南省林木品种审定委员会通过审（认）定的 173 个林木良种，对每个品种的特性、适宜种植范围及栽培管理技术等进行了详细描述，对这些品种的推广应用具有重要参考和指导作用。该书的编辑出版对于推进河南省的林木良种化、提升河南省的林地生产能力、提高河南省的经济林产品产量和品质、丰富河南省的园林观赏植物新品种等具有重要意义。

　　做好林木良种化工作，事关林业现代化全局，我们要牢固树立"生态安全种苗为先、国土绿化良种为本"的理念，在今后的工作中，尊重自然规律，按照良种选育程序，实行常规育种与生物技术育种相结合，自主选育与引进驯化相结合，注重生产实际，着眼长远发展，利用现有育种资源，以良种基地为平台，以科研教学专家为支撑，有序开展林木良种选育和引进工作，特别要着力选育优质、高产、高抗的林木新品种。要加强良种宣传推广力度，形成管理、生产、科研单位与推广机构相结合的良种选育推广体系，促进科技成果向现实生产力转化。力争到2020年，全省林木良种使用率提高到75%，为全面建成小康社会、建设生态文明和美丽中国做出新的更大贡献。

河南省林业厅　厅长

2016 年 9 月

前　　言

2008 年出版了《河南林木良种》，介绍了 2000～2007 年河南省林木良种审定委员会审定（认定）的林木良种共计 107 个。2013 年出版了《河南林木良种（二）》，收编了 2008～2012 年河南省林木良种审定委员会审定（认定）的林木良种共计 185 个。以上两册河南林木良种的出版对推动河南林业苗木良种化和林业生态省建设都起到了重要作用。随着河南省林业生态省建设提升工程的实施、生态文明和美丽河南建设，以及河南"十三五"林业发展规划的启动，对林业林木良种提出了更新、更高的要求。为适应这一要求，《河南林木良种（三）》编撰出版。

《河南林木良种（三）》收编了 2013～2015 年河南省林木良种审定委员会审定（认定）的林木良种共计 173 个，其中用材林良种 28 个，经济林良种 86 个，种子园、母树林、优良种源 7 个，园林绿化良种 52 个。每个品种（树种）都详细介绍了其品种特性和适宜种植范围。栽培管理技术部分，如果某树种（品种）在 2008 年和 2013 年出版的《河南林木良种》中没有出现过，本书进行了详细的介绍；如果某树种（品种）已在 2008 年和 2013 年出版的《河南林木良种》中进行了介绍，本书仅介绍栽培技术要点，并注明：栽培管理技术参考《河南林木良种》2008 年版或参考《河南林木良种（二）》2013 年版。

《河南林木良种（三）》是全省林业部门和众多林木育种工作者多年努力和辛勤劳动的成果。

该书可作为林业、园艺、园林等科研、生产和管理部门的参考资料，也是苗木培育工作者重要的参考书籍。

由于水平有限，书中难免存在不足之处，敬请惠予指正。

编者
2016 年 6 月于郑州

目　录

第一篇 用材林良种

01 西藏柏木

学　　名：*Cupressus torulosa*

类　　别：引种驯化品种

通过类别：审定

编　　号：豫 S-ETS-CT-030-2014

证书编号：豫林审证字 376 号

引种者：国有郏县林场

【品种特性】 西藏引进品种。树冠窄，呈塔形，主干明显。树皮裂成块状薄片。小枝呈圆柱形，末端的鳞叶枝细长下垂。球果较小，宽卵圆形或近球形。

【适宜种植范围】 河南省侧柏适生区。

【栽培管理技术】

1. 采种

（1）采种时间选择 西藏柏木花期从 12 月至翌年 1 月，球果隔年成熟。3 月下旬至 4 月，当球果由绿色转变成褐色，种鳞间裂缝显著时，即为最佳采种期。立地条件不同，球果成熟期有差异，因此，采种前要调查了解球果成熟时间。球果生于 0.4cm 的短枝顶端，呈宽卵圆形或近球形，径 1.2～1.6cm。种鳞 5～6 对，顶部五角形中央具短尖头，发育种鳞具多数种子。

（2）采种要求 采种之前，要深入调查比较，选择优质采种林分和采种母树。种子品质随树龄和立地条件而不同，采种时应选择成年健壮，干形好、无病虫害的植株为采种母树。群植的健壮母树优于孤立母树，孤立母树虽有结实，但种子发芽率低。

（3）种子的收集和贮存 采种时用采种刀或高枝剪剪下结果枝，于地面收集后，将球果摘下，带回室内。收集后的球果，摊开于通风干燥的地方，稍加晾晒，种鳞即裂开。翻动球果，种子即可脱出。将脱出的种子过筛，除去杂质，置于通风干燥处贮藏。球果出籽率一般达 2% 左右，种子千粒质量约 3.5g，发芽率一般仅有 30% 左右。

2. 育苗

（1）苗圃地选择和作床 苗圃地应选择光照充足，地下水位不高，交通和灌溉方便，地势平坦，肥沃湿润的壤土。圃地冬季深翻，以促进土壤熟化，并能杀死越冬害虫。播种前施足腐熟的农家肥，并进行土壤消毒。苗床一般宽 1 ~ 1.2m，床高 25cm 左右，长度依地形、育苗量而定。圃地做到深耕细耙，播种前整好苗床，床面要求平整，土壤细碎。

（2）播种和苗期管理　西藏柏木种子可随采随播，也可以秋季播种。播前先用清水选种，再置于 45℃ 的温水中浸种一昼夜，捞出放在箩筐内催芽，待其有半数以上萌动开口时即可播种。以春播为主，也可秋播。采用条播方式，条距 20 ~ 25cm，播幅 5cm，每亩播种量 6 ~ 8kg，播后覆草，经常浇水，保持苗床湿润，播种后 15 ~ 20 天种子即萌芽出土。以后根据种子发芽情况分批揭去盖草，宜早晚或阴天进行，当 50% ~ 60% 出苗时应揭去一半草，3 ~ 4 天后再一次揭完（亦可再分两批揭除）。使用容器育苗，不仅能提高成苗率，减少病虫危害，而且还可以提高造林成活率。当幼苗长到 5 ~ 10cm，选择阴天或晴天下午，即可移入容器栽培。容器应装营养土，底部首先装入适量的小土块，以利排水透气。小苗移入容器时，要使根系舒展，灌足定根水，并适当遮荫。缓苗期过后，必须立即拆除遮荫设备。整个育苗过程除适时灌水、追施肥料、浅松土、勤除杂草等外，还应特别重视苗木立枯病、金龟子幼虫（土蚕）、地老虎等苗圃病虫害的防治。

3. 造林

（1）造林地的选择　西藏柏木为喜光树种，除在其生长的最初几年可耐弱度庇阴外，皆以全光照下生长最佳。西藏柏木原产地年平均气温为 10 ~ 15℃，日平均气温 ≥10℃ 的积温为 900 ~ 4200℃，温暖指数为 48 ~ 110，最冷月平均气温为 2 ~ 7℃。应选择阳坡、半阳坡和光照充足的造林地。对土壤要求虽不甚严，但以土层深厚、排水良好、土质疏松、水肥条件较好的酸性和中性土壤为宜。红壤、黄壤、沙壤和森林棕壤等均适宜栽培。

（2）整地方式及定植穴规格　整地前进行造林地清理，清除造林地杂草，保留原有的林木及灌木。西藏柏木属深根性树种，侧须根较少，一般采用块状或全垦 2 种整地方式。定植穴的大小以苗木根系在穴内舒展为度，小苗约为 30cm×30cm×30cm，大苗 50cm×50cm×50cm 为宜。挖大穴施底肥，可促进根系速生。

（3）造林密度　根据造林地区的立地条件和造林目的的不同，确定造林密度。西藏柏木为速生树种，生长快，四旁植树株行距一般采用 2m×2m 或 2m×3m，山地造林株行距 1m×1.5m 或 1.5m×2m。

（4）造林方式　西藏柏木造林通常采用植苗造林法。造林必须严格掌握起苗、运苗、栽植等技术环节的衔接。栽植裸根苗，苗木不宜过大，以小苗为好。取苗时应多带宿土，尽量做到随起苗随栽植。栽植时要求穴土细碎，苗正根舒展，分层回填土、踏实、浇足定根水，覆上一层干土。夏季造林以 6~8 月阴雨天为宜，此时正处于雨季，土壤湿润，空气湿度大，栽植后容易成活。容器苗造林受季节限制不大。如具有灌溉条件，春季和秋季也可造林。栽植容器苗，应在定植穴内把容器去掉，尽量保持营养土不散。

4. 幼林抚育和管护

（1）幼林抚育　西藏柏木生长迅速，及时抚育不仅能提高造林成活率，还能提早郁闭时间。造林当年雨季结束时应浅松土，适当扩穴覆土，有利苗木抗旱。土壤疏松湿润、排水良好的林地能促进西藏柏木生长；土壤板结、排水不良不利生长，甚至死亡。每年松土除草 1~2 次，松土除草以树为中心，内浅外深，逐年扩穴翻埋杂草增加肥源。施肥能明显促进幼林生长，有条件地方施肥可于雨季初期结合松土除草同时进行。连续抚育几年，直至林木郁闭。

（2）幼林管护　西藏柏木不抗火，发生火灾后极易引起死亡，所以要加强防火工作，严防森林火灾发生。同时，要防止牛羊等牲畜践踏。

【病虫害防治】

（1）苗木立枯病　常造成苗木死亡或缺苗。

防治方法：①选好苗圃地，推广生荒地育苗；②播种前进行土壤消毒；③幼苗初发病时及时防治，可用退菌特 0.2% 浓度的溶液，或 25% 多菌灵 0.1%~0.125% 浓度的溶液等进行喷洒。

（2）地老虎　幼虫咬断幼苗、嫩芽和嫩茎，并拖入土中作食料造成苗圃缺苗。

防治方法：①成虫期用黑光灯或糖醋液诱杀；②整地时清除杂草；③发现断苗时，刨土捕杀幼虫；④傍晚使用 90% 敌百虫或 75% 辛硫磷乳油等 0.1% 浓度的溶液喷洒幼苗。

（3）蛴螬（土蚕）　金龟子幼虫，为害根、嫩茎，引起苗木枯黄和死亡。

防治方法：①使用充分腐熟的厩肥作肥料；②使用 50% 辛硫磷颗粒剂，每亩施 2~2.5kg 处理土壤，并可兼治其他地下害虫；③成虫期灯光诱杀；④发现为害，可使用 90% 敌百虫或 25% 异丙磷等 0.1% 浓度的溶液灌注根际。

（4）大袋蛾　一年发生一代。幼虫取食树叶，并在袋囊中越冬。

防治方法：①人工摘除虫囊，集中烧毁；②成虫具有趋光性，成虫期设置黑光灯诱杀；③幼虫期使用 90% 敌百虫或 80% 敌敌畏 0.1% 浓度的溶液，2.5% 溴氰菊乳油（敌杀死）0.02%~0.03% 浓度的溶液喷洒防治。

02　北美圆柏

学　　名：　*Juniperus virginiana*

类　　别：　引种驯化品种

通过类别：　审定

编　　号：　豫 S-ETS-JV-031-2014

证书编号：　豫林审证字 377 号

引 种 者：　国有郏县林场

【品种特性】　北美引进树种。树冠圆锥形，主干明显，树皮红褐色，裂成长条片脱落。枝条直立或向外伸展。球果近圆球形或卵圆形。

【适宜种植范围】　河南省侧柏适生区。

【栽培管理技术】

1. 有性繁殖

北美圆柏种子小，结实量大，种皮坚硬，便于贮藏、流通，所以在原产地大面积造林及从国外引种，多用有性繁殖，而且实生苗可塑性大，便于驯化；种子便于消毒，不易传播病虫。有性繁殖的关键是保存好种子的生活力和做好催芽处理。

（1）种子采集、调制、贮藏　北美圆柏球果当年 10~11 月成熟，当浆果状的肉质球果呈蓝黑色，有白粉时，即可采摘。采得球果在草木灰水中浸泡 1~2 天，搓出种子，漂洗干净，晾干即可，出种率 20%~26%。种子在阴凉通风或低温 5℃ 以下干藏或沙藏，可使种子活力维持 25~70 年。

（2）催芽处理　由于北美圆柏种胚具有休眠性，种皮坚硬不易透水，播种当年往往不发芽。人工繁殖多用低温（0~5℃）、湿沙层积法催芽 4 个月（沙、种比为3:1），才能打破休眠，使种子吸水。为了加速催芽过程，可先用 1% 柠檬酸浸泡 4天，以克服种皮吸水障碍，再混沙层积或冷（1~5℃）、热（15~20℃）各 3~5 天交替变温，1 个月左右，能打破休眠，发芽率达 80% 以上，而且出苗整齐。

（3）播种育苗　经催芽的种子，春播育苗宜早，如北京在 4 月上旬播种，下旬开始出苗，一般不需遮阳，保持床面湿润，无积水。育苗地微酸至微碱均可，以沙壤土为好。密播移苗是一种好办法，加大播种量，如 25~30g/m²，播后 50天左右长出 2~4 层初生真叶，茎紫红色，尚未木质化，此时为密播苗最适移苗期。在灌足水后，将苗带泥浆剔出，移入苗床培育大苗或移入容器，当年雨季或 1 年生苗上山造林，成活率都很高。

小苗移栽时，先挖好种植穴，在种植穴底部撒上一层有机肥料作为底肥（基肥），厚度为 4~6cm，再覆上一层土并放入苗木，把肥料与根系分开，避免烧根。放入苗木后，回填土壤，覆盖根系，并用脚把土壤踩实，浇一次透水。

2. 扦插繁殖

（1）插穗选择　嫩枝扦插、硬枝扦插均可。进行嫩枝扦插时，在春末至早秋植株生长旺盛时，选用当年生粗壮枝条作为插穗。把枝条剪下后，选取壮实的部位，剪成 5～15cm 长的一段，每段要带 3 个以上的叶节。剪取插穗时需要注意上面的剪口在最上一个叶节的上方大约 1cm 处平剪，下面的剪口在最下面的叶节下方大约为 0.5cm 处斜剪，上下剪口都要平整（刀要锋利）。

（2）插后管理　插穗生根的最适温度为 20～30℃，低于 20℃插穗生根困难、缓慢；高于 30℃，插穗的上、下两个剪口容易受到病菌侵染而腐烂，并且温度越高，腐烂的比例越大。扦插后遇到低温时，用塑料薄膜把扦插的花盆或容器包起来保温；扦插后温度太高时，降温的措施主要是给插穗遮荫，要遮去阳光的 50%～80%，同时，给插穗进行喷雾，每天 3～5 次，晴天温度较高喷的次数也较多，阴雨天温度较低，湿度较大，喷的次数则少或不喷。

扦插后必须保持空气的相对湿度在 75%～85%。插穗生根的基本要求是，在插穗未生根之前，一定要保证插穗鲜嫩能进行光合作用以制造生根物质。但没有生根的插穗是无法吸收足够的水分来维持其体内的水分平衡的，因此，必须通过喷雾来减少插穗的水分蒸发：在有遮荫的条件下，给插穗进行喷雾，每天 3～5 次，晴天温度越高喷的次数越多，阴雨天温度越低喷的次数则少或不喷。

扦插繁殖离不开阳光的照射，因为插穗还要继续进行光合作用制造养分和生根的物质来供给其生根的需要。但是，光照越强，则插穗体内的温度越高，插穗的蒸腾作用越旺盛，消耗的水分越多，不利于插穗的成活。因此，在扦插后必须把阳光遮掉 50%～80%，待根系长出后，再逐步移去遮光网：晴天时每天下午 16:00 撤下遮光网，第二天上午 9:00 前盖上遮光网。

3. 苗期管理

江苏、山东、安徽等地的气候温暖湿润，对北美圆柏育苗，无论是实生苗还是扦插苗，都可全光育苗，只要圃地土壤疏松、肥沃、及时浇水、常规管理即能安全越冬度夏，良好生长；在冬季干旱、寒冷的地区，如在北京、辽宁、河南北部太行山引种试验，一年生苗越冬需覆土或覆草予以保护。

春夏两季根据干旱情况，施用 2～4 次肥水：先在根颈部以外 30～100cm 开一圈小沟，沟宽、深均为 20cm。沟内施入 12.4～25kg 有机肥，或者 100～200g 颗粒复合肥（化肥），然后浇透水。入冬以后开春以前，照上述方法再施肥一次，但不用浇水。

修剪：在冬季植株进入休眠或半休眠期后，要把瘦弱、病虫、枯死、过密等枝条剪掉。

【病虫害防治】 常见病害有圆柏梨锈病、圆柏苹果锈病及圆柏石楠锈病等。这些病以圆柏为越冬寄主。对圆柏本身虽伤害不太严重，但对梨、苹果、石楠、海棠等则危害颇巨，故应注意防治，最好避免在苹果、梨园等附近种植。

03 '小叶 1 号'毛白杨

学　　　名： *Populus tomentosa* 'Xiaoye No. 1'

类　　　别： 优良品种

通过类别： 审定

编　　　号： 豫 S-SV-PT-029-2014

证书编号： 豫林审证字 375 号

选 育 者： 国有温县苗圃

【品种特性】 小叶毛白杨选育品种。中央主干明显，树冠卵圆形。侧枝少、细。短枝叶较小，卵圆形，先端长渐尖，正面绿色，背面淡绿色，正面和背面均光滑；长枝叶较大，三角状卵形，先端急渐尖，正面深绿色，背面绿色，正面和背面均光滑。在适生条件下具有早期速生、材质优良等特性。

【适宜种植范围】 河南省毛白杨适生区。

【栽培管理技术】

1. 苗木培育

(1) 埋条育苗

● 整地：选择土层深厚、肥沃、排水良好的沙壤土或中壤土为苗圃地。施足底肥，深耕细耙，作垄。垄距 1m，垄高 20cm。

● 种条选择：用自己培育的一年生苗做种条。一般的种条基部粗 1~2cm，太细的不宜做种条。

● 埋条方法：早春 3~4 月份，在整好的苗圃地上按 0.8m 行距开沟，沟深 5~6cm，把粗细一致的种条，顺向平放在沟内，前一条的基部压后一种条梢部 40cm 左右，然后覆土厚 2cm，并稍镇压，使种条与土壤紧密接触，利于生根发芽。如果风刮或浇水后露出种条的要及时埋土，埋条完成后及时浇水。

也可采用点状埋条，即在苗床上开挖深 3cm 左右、宽 5~10cm 的小沟 2 条，行距 1m。把粗细一致的长种条平放在沟内，每隔 10~15cm，用湿土堆一小土堆。

● 苗木抚育：埋条育苗的抚育措施，一是晒芽，二是保根。一般在埋条后 15~20 天开始萌芽，且陆续露出地面。按株距 30cm 左右，把淤土过厚的地方扒开，使侧芽外露出来，促使其萌芽生长，叫晒芽。埋条后，由于干旱，地温过高，或埋土过薄，易使新根干枯，造成幼苗死亡。此时应及时进行培土和适时浇水，叫保根。待苗木成活生长到 50～60cm 高的时候进行培土，培土的目的是促使小苗多发侧根，而加快小苗生长速度。培土结合中耕、除草、追肥。

（2）芽接扦插育苗　在正在生长的砧木上芽接。嫁接成活后，第二年春季用带接芽的插穗进行扦插育苗。这种经过嫁接后再进行扦插的方法，常称为"一条鞭"芽接育苗法。

●嫁接与剪插穗：选用 1 年生粗 1～2cm 的加杨等黑杨派扦插苗作砧木，选用当年生毛白杨优良品种枝条的中上部生长健壮、发育饱满的芽作接芽，于 8 月下旬至 9 月中旬，采用"T"字形芽接法。在当年已木质化的砧木苗干上进行嫁接，从基部开始，每隔 20cm 左右接一个毛白杨芽，一直接到砧木距顶梢 2/3 处，接后用塑料带绑紧，成活后及时松绑。砧木苗落叶后或翌年发芽前，把嫁接成活的、带毛白杨接芽的苗干剪成插穗，上切口距接芽 1.5～2cm，以免接口裂开。切口应平整光滑。如果是秋季剪插穗，剪好的按 50 个插穗 1 捆，进行室外湿沙贮藏。

●扦插及管理：在育苗地挖深 20cm 的扦插沟，沿沟灌水，当水稍微下降，将插穗插入带水的沟内，插穗上的接芽低于地面 3～5cm，扦插密度行距 0.8m，株距 25～30cm。

插后随水分下渗，及时用表土堆埋插穗，同时覆盖农膜。1 周后砧木皮部开始生根，接芽也开始萌动。此时应该注意膜内土壤墒情和温度变化。当接芽萌发，新梢触及农膜时，应将农膜用手穿孔，将其顶梢露出农膜。待幼苗根深叶茂、成活已定时，再撤除农膜。撤膜后要松土除草。苗高 15cm 左右时，及时给幼苗培土，促进毛白杨接芽萌发后的幼苗基部产生新根。5～6 月再培土 2～3次，将原来扦插沟变成垄埂，进一步促进苗木自根系的生长，形成二层根系。培土的同时要进行追肥。

当苗木长到 1.5m 以上时，其 1/3 苗高以下的部位进行抹芽。以后随着苗干的向上生长，抹芽部位也随之上升，直到 1.5～2m 为止。

（3）枝接扦插育苗　是枝接结合扦插育苗的一种，又称"接炮捻"。

●砧木与接穗的采集：做砧木和接穗的枝条，以一年生苗干为好。砧木用加杨等黑杨派枝条，粗度为 1.5～2cm；接穗用毛白杨枝条，粗度为 0.5～1.0cm。一般于 11 月下旬至 12 月上、中旬采条为宜，此时枝条贮存的营养多，芽饱满，嫁接容易成活。采条后及时混沙贮藏，以备嫁接。

●嫁接时间：苗木落叶后至春季发芽前均可嫁接，但以冬季嫁接较好。冬季嫁接，经过较长时间的贮藏，接口容易愈合，成活率高。

●嫁接方法：将黑杨派枝条剪成长 10～12cm 做砧木。将毛白杨剪成长 8～12cm 作接穗，其上有 2～3 个饱满芽。冬闲时在室内进行劈接，接后不绑扎，按 50～60 根捆成 1 捆，竖立于室外贮藏坑内沙藏。贮藏应选在地势高燥、背风向阳的地方。贮藏坑一般宽1m，深60~70cm，长以插穗多少而定。先在坑底垫10cm厚的湿沙，将嫁接后的插穗捆齐，并排竖放，然后，用细湿沙填充空隙，封至高于地面15cm即可。

• 扦插：扦插时间以3月上中旬为好。一般不要扦插过晚，否则芽开始萌动，扦插时容易碰掉接穗上的接芽，影响成活。扦插密度，行距70cm，株距20cm。为了提高扦插成活率，扦插时严防砧木与接穗接位移动，影响接口愈合。扦插方法及插后管理同芽接扦插育苗。

2. 造林

(1)立地选择与整地　毛白杨具有生长快、要求水分条件高的特点。造林地应选择土层深厚、疏松、肥沃、湿润、排水良好的沙壤土和轻壤土或中壤土；地势平坦，或坡度在15°以下；地下水位在1.5m以下，具有灌溉条件的地块。土壤封冻以前进行整地，平原地区实行机耕全面整地，耕深30cm。低山丘陵地区采用带状或反坡梯田的局部整地。然后开挖80cm³的栽植穴，挖穴时表土与底土分开堆放。

(2)造林密度　土壤肥沃、水分充足、抚育管理及时、计划培养大径材的，栽植密度小些；立地条件较差，抚育管理条件困难，或培养小径材的，栽植密度可大些。一般纯林初植密度以株行距3m×3m为宜，在1~2年内进行间作，促进林木生长，5~6年后再间伐一次，株行距调整为6m×6m。农田防护林株行距较大，为6m×12m至6m×30m。

(3)栽植　选用Ⅰ、Ⅱ级良种壮苗。苗木应根系完整，苗木粗壮，木质化程度高，具有充实饱满的顶芽，无机械损伤，无病虫害。

在起苗、运苗、栽植的各个环节，都要防止苗木失水。起苗前先灌一次透水，保证苗木体内水分充足。苗木起运中要注意保护好根系，使根系完整、新鲜、湿润，尽量做到随起、随运、随栽。不能及时栽植的苗木，要妥善假植。栽植前，用清水浸泡1~2天。把长根截取，侧根长度一般保持在30cm即可(过长在栽植中易出现窝根)。对运苗中有些顶芽甚至梢部被损坏的苗木，在修根时应把顶梢剪去，回剪到最上部第一个壮芽以上1cm处。

栽植季节在秋末冬初落叶后至春季萌芽前进行。栽植时要将苗木扶正，栽直，分层填土，分层踩实，使苗木根系舒展与土壤密接，栽后立即浇水，水渗后扶正苗木，培土封穴。

(4)抚育管理

• 适时灌溉：除新造幼林要立即浇水外，4~6月干旱季节，要对林分适时灌溉，以保证林木旺盛生长。秋季干旱时也要进行灌溉。灌溉次数和灌水量视天气和土壤情况而定，一般在春季树木发芽前后、生长季节、封冻前，视土壤墒情和降雨情况在土壤缺水时及时浇水，浇水后要及时培土保墒。9月以后停止灌溉，促进枝条木质化。

● 合理施肥：在造林前每亩施土杂肥 1500kg、过磷酸钙 50kg 左右，混合后施入挖好的树穴内根系栽植深度范围。每年 5～6 月，在生长旺期追肥 2 次，施肥量每次为尿素 3～7kg 或碳酸氢铵 12～15kg，造林当年可晚施、少施，随树龄增加可适当多施，并注意氮磷钾的配合，追肥要与浇水结合进行。

● 松土除草：林分郁闭前，每年除草不少于 2 次，实行农林间作时可与农作物管理结合进行。林分郁闭后可适当减少除草次数。农林间作期间不专门为林地松土，停止间作后每年最少要松土 1～2 次，以疏松土壤，防止土壤板结。

● 修枝：适时修枝可提高树干质量，有利于培育干性圆满的优质良材。造林时修去苗木的全部侧枝，造林后 1～3 年的幼树，去除竞争枝，保留辅养枝，并剪除树干基部的萌条，培养直立强壮的主干，修枝强度应保持树冠长度与树高的比值在 3/4 以上。胶合板用材应培养没有疤结的主干。当第一轮侧枝基部的树干达到 10～12cm 时进行修枝，去掉第一轮侧枝，以培养无结良材。修枝应在秋季树木落叶后进行，切口要平滑，不撕裂树枝。对 4 年以后的林木要逐步修除树冠下层生长衰弱的枝条，使树冠长度与树高大致保持以下比例：树高 10m 以上，冠高比 2/3；树高 20m 以上，冠高比 1/2；树高 25m 以上，冠高比 1/3。

● 农林间作：实行农林间作，以耕代抚，在林分郁闭以前实行农林间作，不仅提高土地的利用率，还可通过对农作物的管理，如松土、除草、浇水、施肥等措施，起到抚育幼林、促进林木生长、增加收益的作用。间作农作物应以矮小、耐阴、耗水肥少的大豆、花生等豆科作物或瓜菜、药材、小麦等为主。间作的作物与林木要保持 50cm 以上的距离，以免耕作时损伤林木根系或作物与林木争水争地。

【病虫害防治】

（1）黑斑病　杨树黑斑病又称褐斑病，引起早期落叶。该病害对集约经营的杨树速生丰产林是一种危险的病害。此病害的显著特点是病叶上病斑细小，直径不超过 1mm，黑褐色或褐色。小斑点常汇成较大黑色斑块或全叶变黑枯死，故称黑斑病。一般发生在叶片嫩梢及果穗上，自上而下蔓延，以危害叶片为主。发病初期首先在叶背面出现针状凹陷发亮的小点，后病斑扩大到 1mm 左右，黑色、略隆起，叶正面也随之出现褐色斑点，5～6 天后病斑（叶正、反面）中央出现乳白色突起的小点，即病原菌的分生孢子堆，以后病斑扩大连成大斑，多成圆形，发病严重时，整个叶片变成黑色，病叶可提早脱落 2 个月；苗木幼嫩时，若全部叶片枯死，易导致植株死亡，若小苗于出土时发病，小叶及苗根颈将全部变黑，病苗扭曲不直。

病菌以菌丝体在落叶或枝梢的病斑中越冬，该病 5 月初开始发生，夏秋最盛，直至落叶为止，可危害杨树叶片、叶柄、果穗、嫩梢等，在其上形成多角状、近圆形或不规则的黑褐色病斑，直径约 1mm，有的达 5mm。病斑多时可连成不规则的大块斑，引起早期落叶。翌年五六月间病菌新产生的分生孢子借风力传播，落在幼苗叶片上，由气孔侵入叶片，3~4 天后出现病状，5~6 天形成分生孢子盘，进行再浸染。

防治方法：①加强苗圃管理：应选用抗病品种育苗，注意及时间苗，改善通风透光条件，搞好排水等田间管理，减少发病条件，苗圃地应避免连作或避免将苗圃设在感病植株附近，可有计划地换茬育苗，种子带菌需药物处理，防止实生苗发病，可用 85% 百菌清可湿性粉剂 1000~1500 倍液或用甲基托布津和多果定喷粉处理干燥种子。②合理密植、及时间伐：保持林内通风透光。及时清扫林内落叶，以减少病源。③药物防治：发病期间，苗圃和成林用 200 倍波尔多液或 85% 代森锰锌 250 倍液喷洒，雨季喷药时，药水中应加入 0.3% 明胶（或豆粉汁、豆浆），防止被水冲洗掉，并应随时清扫处理病叶、落叶，消灭病原菌，也可在 6 月上旬喷 40% 多菌灵 800 倍液，或 25% 百菌清 600~800 倍液，或 0.3% 尿素及磷酸二氢钾混合液防治。

（2）锈病　毛白杨锈病分布广泛，整个生长期均可受害，以幼苗及幼树受害严重。展叶期易染病，受害叶片上产生黄色小斑点，具有光泽，后扩大呈病斑，背面散生黄粉堆，即病菌的夏孢子堆。受害严重的病芽经几周后便干枯。幼叶展开后嫩叶皱缩、畸形，甚至枯死。病斑表面密生许多尖大小的黄色小点。受害叶柄和嫩梢，上生椭圆形病斑，也产生黄粉。病落叶在第二年春季有时可生褐色疤状小点，为病菌的冬孢子堆。

病菌以菌丝体在冬芽中或嫩梢内越冬。春季在病冬芽上形成夏孢子堆，成为初侵染的中心。5~6 月间和 9 月份为两个发病高峰，多发生在春梢和秋梢上，以 5~6 月份最重。7~8 月份由于气温较高，不利于夏孢子的萌发侵染，所以病害发生较少。病害的发生与树势及树龄关系密切，1~4 年生苗木与 9~10 年生以上的树木对病菌感染程度有明显差异。幼树叶片受感染后潜育期短，发病严重。该菌主要侵染白杨派树种，以毛白杨和河北杨发病重。该病菌属于转寄主病菌，可在圆柏上形成冬孢子，萌发产生担孢子，翌年春形成褐色冬孢子角，冬孢子萌发产生的小孢子随风雨传播到杨树上侵染叶片。所以附近有圆柏林的林区发生严重。

防治方法：因地制宜的选择抗病品种，稀枝型、小叶型和截叶型毛白杨品种较抗病。春季萌芽时，摘除病芽，并将其装袋烧毁或深埋。加强栽培管理，增强树势，合理灌水，科学修剪，提高树体抗病力。杨树展叶期，喷洒 15% 粉锈宁可湿性粉剂 1000 倍液或 50% 硫悬浮剂 200~300 倍液或 30% 特富灵可湿性粉剂 2000 倍液，每隔 15~20 天喷一次，雨后补喷药剂。幼叶发病可喷 50% 退菌特 800 倍液或 0.2°~0.3°Be 石硫合剂 2~3 次，可减轻病情。病害流行初期，可用 25% 粉锈宁 1000 倍液，25% 粉锈宁油剂 0.4g/m² 低容量喷雾，70% 甲基托布津 1000 倍液。发生严重时，应在第一次喷药后 15~20 天喷第二次药。

（3）溃疡病　该病典型症状是在树干或枝条上开始时产生圆形或椭圆形的变色病斑，逐渐扩展，通常纵向扩展较快。病斑组织水渍状，或形成水泡，或有液体流出，具臭味，失水后稍凹陷，病部出现病菌的子实体。内皮层和木质部变褐色。当病斑环绕枝干后，病斑以上枝干枯死。目前我国引起杨树溃疡病的病原有 8~9 种，现已知在生产上主要造成危害的有杨树水泡型溃疡病、杨树大斑型溃疡病、杨树烂皮型溃疡病、细菌型溃疡病等。

● 水泡型溃疡病：病害发生在主干和大枝上。症状主要有 3 种类型：在光皮杨树品种上，多围绕皮孔产生直径 1cm 左右的水泡状斑；在粗皮杨树品种上，通常并不产生水泡，而是产生小型局部坏死斑；当从干部的伤口、死芽和冻伤处发病时，形成大型的长条形或不规则形坏死斑。病菌可在树干、枝条的病斑和病残体中越冬，在不表现症状的树皮内，病菌以潜伏状态存在。春季是杨树水泡型溃疡病的最主要的发生时期，尤其在幼苗移栽后发病率最高。夏季杨树生长旺盛，病害发展缓慢，秋季又可出现第二次发病高峰。杨树栽培管理不善、水分、肥力不足、养分失调，导致生长衰弱，均易引起发病。树体内含水量与发病关系非常密切，树皮膨胀度低于 60% 时发病重；高于 80% 时抗病性增强。

● 大斑型溃疡病：该病害主要发生在主干的伤口和芽痕处，初期病斑呈水渍状，暗褐色，后形成梭形、椭圆形或不规则的病斑。病部韧皮组织溃烂，其木质部也可变褐，老病斑可连年扩大，多个病斑可连接成片，造成枯枝、枯梢。被认为是杨树上最严重的病害之一。病原菌以菌丝体和分生孢子器在病树皮内越冬。正常年份 4 月中旬开始发病，5~6 月为发病盛期，7~8 月病势减缓，9 月又可见新的病斑出现，10 月以后停止扩展。一般光皮树种的感病程度重于粗皮树种，粗皮的木栓化程度较高，病菌不易侵入。日灼伤口有利于病菌的侵入，树干阳面的病斑数多于阴面。杨树在生长衰弱或土壤干旱、树体含水量低的情况下感病重。

● 烂皮型溃疡病：烂皮型溃疡病又称腐烂病，危害杨属、柳属等树种的树干、枝，引起皮层腐烂、枝枯，严重地块可引起大片杨树的死亡。病菌在病组织内常年存活生长。该病于 4 月上旬开始发病，5~6 月是盛发期，7~8 月病势缓和，10 月停止发展。该病的发生与杨树品种、立地条件以及冻害、日灼伤、虫害、旱害等密切相关。栽培管理不良、生长衰弱的林分或植株受害重。

● 细菌型溃疡病：该病与前 3 种不同，它是由一种叫做草生欧文氏杆菌的细菌所引起，该细菌为杆状，革兰氏染色阴性，周生鞭毛。该病主要危害树干，也能在大枝上发生，发病初期，在病部形成椭圆形的瘤，直径约 1cm，外表光滑，后逐渐增大成梭形或圆柱形的大瘤，颜色变为灰褐色，表面粗糙并出现纵向开裂。夏季从病部裂缝中流出棕褐色黏液，有臭味。病瘤内韧皮部变棕红色，木质部由白色变为灰色，后变为红色。发病严重时出现腐烂，树木生长衰弱，木材腐朽不成材，严重时可致树木全株死亡。病菌在杨树病干部越冬，通过风、雨和昆虫传播。大树比幼树受害重，地势低洼的林分发病重，夏季修枝的树比春、秋季修枝的树发病重；冻伤和修枝伤易引起发病；修枝不整齐、留茬高也易造成侵染。

防治方法：①加强病情的监测和普查，根据溃疡病的发生、危害程度及分布特点，有的放矢采取有效措施，按照"突出重点，分类施策"的原则进行防治。②加强抚育管理，造林后至少应每年春浇一次透水，施一次肥。对分化的林分要合理疏伐，合理修枝，及时修除病枝。③药物防治：发病高峰期前，用1%溃腐灵稀释50~80倍液，涂抹病斑或用注射器直接注射病斑处，或用溃疡灵50~100倍液、多氧霉素100~200倍液、70%甲基托布津100倍液、50%多菌灵100倍液、50%退菌特100倍液、20%农抗120水剂10倍液、2.12%的843康复剂100倍液、菌毒清80倍液，喷洒主干和大枝，阻止病菌侵入。秋末在树干下部涂上白涂剂，生石灰、食盐、水的配制比例为1:0.3:10。

（4）叶枯病　病害发生初期叶片上先呈现隐约可见的褐色斑，斑的面积较小，随病情发展面积逐渐扩大。这时受病组织变成黄色，然后中央部分变褐色，并于其上长出黑褐色的霉状物，它们分布在受害叶片的正反两面。症状表现为3种类型：①病斑近圆形：斑周围带黄色，中央为灰褐色，由小斑扩展为较大圆斑，初看类似于灰斑病的干型病状。在病斑上有黑褐色霉状物。②病斑多角形：斑周围不带黄色，初期形状不规则，发展后连成大片，甚至全叶枯死。后期在病组织上生出黑褐色霉状物。③病斑不规则形：在叶柄附近、叶缘或叶片内部形成不规则坏死斑，其上生长大量黑褐色霉状物。'小叶杨×黑杨'表现为这种症状。

杨树叶枯病的病原菌为细链格孢菌。细链格孢菌以分生孢子在落叶上越冬，越冬以后的萌发率高达40%，具有较强的抗逆性。据查20%左右的芽内含有链格孢菌的菌丝和分生孢子，经过组织分离培养，第4天则可产生分生孢子。证明越冬芽也是这种病菌分生孢子的越冬场所，越冬后可以做为第二年的初次侵染来源。分生孢子在萌发时需要适宜的温度、相对湿度和酸度，一般在7~38℃，相对湿度93%，pH值2~8的条件下，孢子均可萌发产生芽管，但是只有在26~28℃、pH6时萌发的最好。在温度不稳定条件下形成的分生孢子，它们的萌发率很低，萌发百分率不到30%。分生孢子在环境条件适宜时从伤口或芽内菌丝蔓延发生侵染，潜育期很短只有2~3天。3~5天在病斑中央呈现灰褐色，其上部灰白，基部黑褐色霉状物，为病菌的菌丝及分生孢子。

防治方法：清除侵染来源，每年秋季插条杨树苗落叶以后，及时清扫枯枝落叶，集中烧毁，减少侵染机会。在整个生长季施 3~4 次 40% 乙磷铝 300 倍液抑菌效果最好，感病指数可以控制在 10% 以下；50% 多菌灵 500 倍液也可收到一定的防治效果。使用这 2 种化学农药不但病情大大减轻，而且控制了被害树木的提早落叶，达到抑制病害大发生的目的。

（5）天牛类　杨树蛀干害虫以鞘翅目天牛科的种类为主，主要有光肩星天牛、云斑天牛、桑天牛、青杨脊虎天牛等，是中国杨、柳、榆等树种的重要蛀干害虫。

• 光肩星天牛：大部分为 1 年 1 代，少数 2 年 1 代，以卵及各龄幼虫越冬，翌年 3 月下旬开始活动，6 月中、下旬为化蛹盛期，6 月中旬至 7 月上旬为成虫盛期。产卵于椭圆形刻槽上部的韧皮和木质部间。初孵幼虫危害韧皮部，三龄后蛀入木质部，初横向、后向上作隧道（最长可达 15cm，平均长 9.6cm），幼虫老熟后在隧道末端作蛹室化蛹。

• 云斑天牛：2 年 1 代，以幼虫和成虫在蛀道和蛹室内越冬。5 月成虫大量出现，卵大都产树干（离地面 0.36~1.7m 之内），蚕豆大小，初孵幼虫先在韧皮部蛀食，其后蛀入木质部，深入髓心时即沿树干向上蛀。平时以虫粪木屑堵塞孔口，粪渣较粗，呈烟丝状。

• 桑天牛：2~3 年 1 代，以幼虫在蛀道内越两个冬天，至第 3 年 6 月初化蛹，7 月上旬开始产卵。卵一般产在直径 1~3cm，一年生枝条分叉处上方。产卵痕"U"形，一槽一卵。桑天牛多发生在杨树苗木和幼树干部及大树侧枝上，幼虫钻蛀杨树髓心部位，形成直通的虫道，且排粪孔多，等距离排列在同一方位。幼虫从侧枝危害至主干，粪渣较细。

防治方法：①造林措施：造林时要适地适树，营造抗性强的树种，营造混交林，避免营造树种单一的纯林。适当推广刺槐、泡桐、臭椿等树种与杨树进行带状或块状混交，创造不利于光肩星天牛繁殖和扩散的环境。加强栽培管理，增强树势。减少虫害。如无条件营造混交林，亦可在杨树林四周靠虫源的一面栽植隔离林带。刺槐、水杉、臭椿、桤木和樟树是较好的混交和隔离林带造林树种。②保持林内卫生：及时清除衰弱木、风倒木、雪压木等。③人工捕杀和饵木诱杀：根据成虫产卵时所咬的伤痕或刻槽，用小刀或锤子将卵刺死或砸死，用铁丝钩出幼虫，捕捉成虫等。在天牛危害较轻而卫生良好的林分中，设置天牛喜食树种作为饵木吸引成虫产卵，待幼虫孵化后尚未蛀入木质部前进行剥皮处理。④生物防治：保护和利用天敌。招引啄木鸟，人工大量饲养和释放天敌昆虫花绒坚甲和肿腿蜂，以及线虫、白僵菌、苏芸金杆菌和病毒。从长远看，生物防治方法是控制杨树光肩星天牛的最重要的方法。⑤药物防治：应用绿色威雷防治天牛成虫，在天牛成虫羽化始盛期前于树干或大侧枝上喷洒绿色威雷

200～300 倍液。幼虫期先清除虫道中的虫粪及木屑后，用浸蘸 40% 氧乐果乳油的药棉团塞入虫道，或用上述药剂的 200 倍液，用注射器从虫道注入药液。对于高大的杨树用药后都要用泥团封口。在 6 月中旬、7 月上旬成虫期用 40% 氧乐果乳油加 50% 敌敌畏乳油(1:1)1000 倍液或 25% 西维因可湿性粉剂 150～200 倍液各喷树冠 1 次。在 9 月中下旬用内吸剂注射法防治危害韧皮部的低龄幼虫，在树干基部打孔注射 40% 氧乐果乳油，每株用原液 9～12ml 即可。

（6）舟蛾类　主要有杨扇舟蛾、杨小舟蛾、分月扇舟蛾、杨二尾舟蛾、柳毒蛾。

● 杨扇舟蛾：幼虫群栖，1～2 龄时常在一叶上剥食叶肉，2 龄后吐丝缀叶藏匿其间，遇惊后能吐丝下垂随风飘移，3 龄后逐渐向外扩散危害，老熟时吐丝缀叶作薄茧化蛹。由于幼虫繁殖快、数量多、分布广，大发生时极易成灾。

● 杨小舟蛾：幼虫食叶片的表皮、叶肉，仅留叶脉，呈筛网状。严重时，杨树的大部分叶片被吃光，远望如火烧。

● 分月扇舟蛾：以卵在枝干上越冬，少数以 3 龄幼虫在枯枝落叶中越冬。越冬卵翌年 4 月上旬开始孵化，初孵幼虫群栖啃食叶肉，但不结苞，3 龄后分散食全叶。5 月下旬至 6 月上旬成虫羽化。

● 柳毒蛾：危害严重时，能将叶片吃光，且有大量排粪，严重影响城市园林绿地的环境卫生。柳毒蛾 1 年 2～3 代，以 2 龄幼虫在树皮裂缝处作茧越冬，翌年 4 月上中旬开始活动危害，6 月为第 1 代幼虫盛发期，9 月为第 2 代幼虫盛发期。

防治方法：①人工防治：越冬(越夏)期，人工收集地下落叶或翻耕土壤，以减少越冬蛹的基数，成虫羽化盛期用黑光灯诱杀，降低下一代的虫口密度。组织人力摘除虫苞和卵块。利用幼虫受惊后吐丝下垂的习性，振动树干捕杀下落的幼虫。对于尺蠖等成虫需爬行上树产卵的害虫，在成虫羽化前在树干绑扎塑料布等方法阻隔成虫上树产卵。②生物防治：在幼虫 3 龄期前喷施 Bt 和病毒防治。地面喷雾树高在 12m 以下中幼龄林，用药量每亩 Bt 200 亿国际单位、阿维菌素 6000～8000 倍液。释放松毛虫赤眼蜂，即在害虫产卵初期，每亩 3～4 个放蜂点、放蜂量 3 万～5 万头。③药物防治：对发生严重、喷药困难的高大树体打孔注药防治。用打孔注药机在树胸径处不同方向打 3～4 个孔，注入疏导性强的 40% 氧乐果乳油或 25% 杀虫双水剂等。用药量为每 10cm 胸径 2～4ml，原药或 1 倍稀释液。注药后注意用泥封好注药口。利用害虫上下树，用 10ml2.5% 溴氰菊酯加 10ml 氧乐果与 11kg 废机油混合，在树干上涂 3～5cm 宽的闭合环；2.5% 溴氰菊酯与废柴油 1:10 混合，浸泡包装用纸绳制成毒绳，在杨树胸径处绑缚 2 周，效果良好。在幼虫期喷 15% 灭幼脲烟雾剂防治(药剂和溶剂混合比例为 1:1，用药量为 1.2kg/hm^2)或喷施 20% 灭幼脲Ⅲ号每亩 25g、1.2% 烟参碱乳油 1000~2000 倍液。

（7）草履蚧　一般一年发生一代，以卵在卵囊内于土中、草堆下、砖石缝中越冬。卵 2 月上中旬开始孵化，2 月下旬后陆续上树，3 月中旬开始危害。4月上中旬第一次脱皮，4 月下旬 5 月初第二次脱皮，雄若虫不再取食，下树寻找疏松土层或砖石缝处结茧化蛹，5 月上中旬羽化。雌若虫第三次脱皮与雄虫羽化期一致。5 月中下旬为交配盛期，5 月下旬 6 月上旬下树入土或砖石缝中分泌白色绵状卵囊，产卵其中而越夏越冬。若虫的取食特点是初龄若虫大部分选择 1~2 年生嫩枝背部靠芽的下方群居危害，通过二次脱皮后刺吸能力增强，树体幼嫩部均能取食，有些还爬至突出地面的树根部为家。雄若虫下树化蛹和雌成虫下树产卵，均是直接从树上落下，再寻找适宜场所。

防治方法：树干扎塑料布或缠塑料胶带阻隔若虫上树法。于若虫上树前（2月上中旬）和每次脱皮前进行树干扎塑料布或缠胶带。将树干环刮老皮至光滑，宽约 20cm，剪塑料布（新塑料布为佳），用 2 道细绳将塑料布球扎于刮皮处。阻隔率可达 98% 以上，再用人工扑杀，效果明显。也可在树干基部周围培松土诱集雄虫化蛹和雌虫产卵法以树干基部周围培厚土 15~20cm，待雄若虫、雌成虫下树后钻入松土内，扒开后集中消灭。

树干注射机注射防治草履蚧，在 3 月下旬至 5 月中旬进行，每隔 10~15 天防治一次。选用 40% 氧乐果和 40% 久效磷杀虫剂，按 1∶1 的浓度配制药水或直接使用原液，杀虫效果都在 90% 以上。采取剥皮涂药和直接涂毒环的方法。前者选 2~4 年生杨树，后者选一年生树苗或泡桐等树干较为幼嫩的树。选用 40%氧乐果或 40% 久效磷杀虫剂原液涂干。

04　'黄淮 1 号'杨

学　　　名：*Populus deltoides* 'Huanghuai No. 1'
类　　　别：优良品种
通过类别：审定
编　　　号：豫 S-SV-PD-025-2013
证书编号：豫林审证字 320 号
选 育 者：河南省绿士达园艺有限公司、中国林业科学研究院林业研究所
【品种特性】　美洲黑杨 50 号杨 ×10/17 杨杂交品种。具有典型的美洲黑杨形态特征。速生，干通直圆满。在豫西北地区造林，4 年最大胸径达 18.1cm，平均胸径 15.56cm，年最大胸径生长量达 6.7cm，4 年生平均树高达 12.66m。

【适宜种植范围】　适于平原壤土以及沙性壤土，土壤 pH 值中性或偏碱性，年平均气温 15℃ 左右，平均降水量 600mm 以上，极端最低温 -16℃ 以上地区

栽培。

【栽培管理技术】 用 1 年生或 2 年生苗木带根或插干造林均可，造林地须具备灌溉条件，以保证造林成活率。具体参考《河南林木良种》（2008）'桑迪'杨。

05 '黄淮 2 号'杨

学　　　名：*Populus deltoides* 'Huanghuai No. 2'

类　　　别：优良品种

通过类别：审定

编　　　号：豫 S-SV-PD-026-2013

证书编号：豫林审证字 321 号

选 育 者：河南省绿士达园艺有限公司、中国林业科学研究院林业研究所

【品种特性】 美洲黑杨 50 号杨×10/17 杨杂交品种。树干通直圆满，冠中等偏大。侧枝粗大，5 年生大树仍较为光滑。速生，豫西北地区 4 年最大胸径达 17.5 cm，平均胸径生长量达 15.2cm，年最大胸径生长量达 6.5cm，4 年生平均树高达 13.3m。

【适宜种植范围】 适于平原壤土以及沙性壤土，土壤 pH 值中性或偏碱性，年平均气温 15℃左右，平均降雨量 600mm 以上，极端最低温 –16℃以上地区栽培。

【栽培管理技术】 用 1 年生或 2 年生苗木带根或插干造林均可，造林地须具备灌溉条件，以保证造林时的浇灌保证成活率。具体技术参考《河南林木良种》（2008）'桑迪'杨。

06 '中豫 2 号'杨

学　　　名：*Populus deltoides* 'Zhongyu No. 2'

类　　　别：优良品种

通过类别：审定

编　　　号：豫 S-SV-PD-027-2013

证书编号：豫林审证字 322 号

选 育 者：河南省绿士达园艺有限公司、中国林业科学研究院林业研究所

【品种特性】 50 号杨×36 号杨杂交品种。主干通直圆满。侧枝纤细，开张角度较大，轮生不明显，冠幅较小。主干下部树皮深纵裂，呈灰色，中部较为光滑，绿白色，有明显的马蹄痕。5 年生树最大胸径达 20.5cm，平均胸径 19.7cm，平均树高 14.5m。9 月上中旬叶片依然碧绿油黑。

【适宜种植范围】 适于平原壤土以及沙性壤土，土壤 pH 值中性或偏碱性，年平均气温 15℃左右，平均降水量 600mm 以上，极端最低温 –16℃以上地区栽培。

【栽培管理技术】 用 1 年生或 2 年生苗木带根或插干造林均可，造林地须具备灌溉条件，以保证造林成活率。具体技术参考《河南林木良种》（2008）'桑迪'杨。

07 '普瑞'杨

学　　名：*Populus deltoides* 'Purui'

类　　别：优良无性系

通过类别：认定（有效期 5 年）

编　　号：豫 R-SC-PD-057-2015

证书编号：豫林审证字 456 号

选 育 者：濮阳市林业科学院、中国林业科学研究院林业新技术研究所

【品种特性】 选育品种。该无性系繁殖容易，生长迅速，适应性广。树干通直，材质优良，用途广泛，抗旱、抗寒、抗盐碱、耐瘠薄、耐水湿，尤其对二氧化硫抗性极强，对杨尺蠖、膜肩网蝽、水泡型溃疡病比欧美 107 杨抗性强。

【适宜种植范围】 河南省各地。

【栽培管理技术】 四旁植树与农田林网，单行定植株距 2m，双行或多行定植株行距 2m×3m 或 2m×4m。片林（纯林）根据土壤条件或栽培目的，初植密度可 2m×3m 或 2m×4m 或 2m×6m。造林 3 年后应隔株或隔行间伐。造林当年不修枝，造林后第 2 年春季发芽前将主干地面以上 1.5m 以下的萌条去除，第 3 年以后原则上不修枝。具体技术参考《河南林木良种》（2008）'桑迪'杨。

08 '中宁珂'黑核桃

学　　名：*Juglans microcarpa* 'Zhongningke'

类　　别：优良品种

通过类别：审定

编　　号：豫 S-SV-JM-032-2015

证书编号：豫林审证字 431 号

选 育 者：中国林业科学研究院林业研究所、洛宁县林业局、洛阳农林科学院、洛宁县先科树木改良技术研究中心

【品种特性】 实生选育品种。干型通直高大，树冠较窄，顶端优势明显，材积量大，生长速度快，适于密植。木材结构紧密，纹理美观、色泽亮丽，易

加工。作核桃砧木，嫁接亲和力高，生长健壮，增强抗性，延长经济寿命，提高果实质量。对黑斑病、炭疽病和根结线虫、天牛等病虫害有较强的抗性。根系发达，具有较强的固土保水能力。

【适宜种植范围】　河南省黑核桃适生区。

【栽培管理技术】　选择土层深厚的地块造林，坡地建园要选择阳坡或半阳坡的中、下部缓坡地为好；秋栽或春栽，秋栽适合冬季比较温暖的地区，落叶后1周至土壤封冻前进行，秋栽的苗木根系伤口愈合早，生根早，缓苗短，有利于定植后的苗木生长。前期栽植株行距2m×3m，通过间伐，最后确定密度为4m×6m。坡岭地通风透光好，可适当密植，平原肥沃地可适当稀植。整地可挖大沟或大穴，沟（穴）底填农家肥，栽后浇水覆盖地膜。造林后，加强水肥管理，防治病虫害。根据用途修剪，作为用材林经营，要注重接干，培养通直的主干，采取常规抚育措施；作为种子园经营，树干高度保留1~1.5m为宜，一般选留5~7个主枝，每个主枝上2~3个侧枝。具体技术参考《河南林木良种》（2008）'中豫1号'黑核桃。

09　'中宁山'黑核桃

学　　　名：*Juglans microcarpa* 'Zhongningshan'

类　　　别：优良品种

通过类别：审定

编　　　号：豫 S-SV-JM-033-2015

证书编号：豫林审证字 432 号

选 育 者：中国林业科学研究院林业研究所、洛宁县林业局、洛阳农林科学院、洛宁县先科树木改良技术研究中心

【品种特性】　实生选育品种。干型通直高大，树姿半开张，材积量大，生长速度快，木材结构紧密，纹理美观、色泽亮丽，易加工。作核桃砧木，嫁接亲和力高，生长健壮，可提高核桃树抗性和果实质量。对黑斑病、炭疽病和根结线虫、天牛等病害虫有较强的抗性。根系发达，具有较强的固土保水能力。

【适宜种植范围】　河南省黑核桃适生区。

【栽培管理技术】　选择土层深厚地块造林，坡地建园要选择阳坡或半阳坡的中、下部缓坡地为好；秋栽或春栽，秋栽适合冬季比较温暖的地区，落叶后1周至土壤封冻前进行，秋栽的苗木根系伤口愈合早，生根早，缓苗短，有利于定植后的苗木生长。前期栽植行株距3m×2m，通过间伐，最后确定密度为6m×4m。坡岭地通风透光好，可适当密植，平原肥沃地可适当稀植。整地可挖大沟或大穴，沟（穴）底填农家肥，栽后浇水覆盖地膜。造林后，加强水肥管

理，防治病虫害。根据用途修剪，作为用材林经营，要注重接干，培养通直的主干，采取常规抚育措施；作为种子园经营，树干高度保留 1~1.5m 为宜，一般选留 5~7 个主枝，每个主枝上 2~3 个侧枝。具体技术参考《河南林木良种》（2008）'中豫 1 号'黑核桃。

10　'豫杂 5 号'白榆

学　　　名： *Ulmus pumilu* 'Yuza No. 5'

类　　　别： 优良品种

通过类别： 审定

编　　　号： 豫 S-SV-UP-028-2014

证书编号： 豫林审证字 374 号

选 育 者： 河南省林业科学研究院

【品种特性】　杂交品种。主干通直，树冠倒卵形，树皮浅灰色，纵裂、裂沟较深，侧枝较粗、斜生。在平原沙区及潮土区生长快，抗虫性强。

【适宜种植范围】　河南省白榆适生区。

【栽培管理技术】

1. 苗木培育

（1）播种育苗

●采种母树的选择：采种母树应选择树龄 6~20 年生，长势旺盛，林分健壮，优良品种和优良单株的种子。衰老树和病虫害严重的林分，不宜采种。

●采种和种子贮藏：白榆种子的生理成熟与形态成熟期基本一致，白榆翅果呈黄色即为形态成熟期。这时是最适宜的采种期。新采的种子要放在通风处摊开阴干，清除杂物，用以播种。

●育苗地的选择与播种：播种育苗地最好选择土层深厚、肥沃、有灌溉条件、排水良好的沙壤土或壤土。施足底肥后，深耕耙平，然后做苗床，苗床宽 1.2m。

播种应随采种随播种，一般不作催芽处理。经长途运输调入的种子，播种前可与湿沙混拌，每天翻动 2~3 次，2~3 天后，待 1/3 的种子出现白色根点时，立即播种。播种前对畦床灌足底水，待水分渗下后，即可播种。

播种多采用条播。条距 60cm，每床 2 行，播幅 5cm，沟深 2cm。播种要均匀。播后覆土 0.5cm 左右，以不见种子为宜，然后轻轻镇压，使种子与土壤密接，并保持种子发芽所需的土壤湿度。在湿度、温度适宜的条件下，一般播种后 3~5 天就可发芽出土，10 天左右苗木可出齐。苗出齐前，切忌灌蒙头水，以免土壤板结，影响幼苗出土。

● 苗床管理：小苗出现第二对真叶时，开始第一次间苗，间苗应掌握"间弱留壮""间密补稀"的原则，即拔除弱苗、病苗，选留壮苗，对缺苗断行的床面进行移栽补苗，以保全苗。间苗时尽量做到等距间苗，株距 10cm。待苗长到 3～4 对真叶时进行第二次间苗，株距 30cm 左右。每亩留苗 4000 株左右。间苗最好在灌水后或雨后，土地湿润不黏时进行，此时土壤松软宜间苗，有利于保护苗木根系和提高移栽成活率。间苗和补苗后要及时灌水，以免留下土壤空隙，影响幼苗成活和生长。

在降雨或灌水后及时松土。松土初期要浅锄，划破表层硬壳即可。随着苗木的生长逐渐加深深度，以不伤苗为度。

（2）嫁接育苗

● 嫁接时间：嫁接前一周对苗圃地进行浇透水一次。嫁接时间在砧木发芽后进行，河南一般在 3 月 20 号左右。

● 砧木与接穗处理：在砧木离地面 10cm 处，呈 45°角方向剪掉砧木主干，剪口要求平滑。接穗选用一年生苗木主干上粗度 0.6cm 左右侧枝，于树木发芽前 1 月左右剪下贮藏于背荫湿润沙土中，严禁枝条失水。把接穗枝条剪成长 6cm 左右，确保上端芽饱满，用锋利刀在接穗下端 1.5cm 处下刀，斜平状削出至接穗粗度一半位置，然后在削面的背面轻削一刀。

● 嫁接：用拇指把砧木从接口处向上推挤，使砧木上端形成一袋状口，把削好的插穗插入袋中，保护砧木皮部不破裂。用湿润的土挤紧嫁接部位，封土堆与接穗平即可。一般嫁接 1 周左右即可发芽。需注意的是嫁接后 1 周内严禁浇水。

● 嫁接后管理：嫁接成活后，当接穗芽生长到 20cm 左右时保留一个健壮枝，将其他萌芽抹去。以后正常锄草、施肥、浇水即可培育成主干通直健壮的的苗木。

2. 造林

（1）造林地选择与栽植季节　白榆造林地应选择土层深厚、土壤肥沃、湿润的壤土和轻黏土，进行细致整地。造林季节分春、秋两季，春季造林是在土壤解冻至苗木萌发前，秋季造林是在苗木落叶后至土壤封冻以前进行。

（2）造林密度　造林密度是影响成材的重要因素之一。行道树栽植密度一般株距 3m，片林密度为 4m×4m。营造白榆混交林，可以充分利用光能和地力，加速白榆生长。如白榆（2 行）与刺槐（3 行）带状混交，8 年生时 2m×2m 的株行距混交林中的白榆比白榆纯林平均胸径提高 23.2%。

（3）造林方法　平原地区和"四旁"栽植宜采用 2～3 年生大苗。植树坑 50～60cm³，深 50cm，剪去苗木过长的主根，栽时将苗木放在穴中，填入细土踩实，然后浇水，并培土。

　　轻盐碱地上可在前一年冬季，挖 50cm³ 的大穴，疏松土壤，围埝蓄水，洗碱脱盐。沙地造林在沙丘迎风坡下部，以及沙丘间低地，采用 2~3 年生的白榆大苗，深栽达 1m 左右，成活率高，生长好。栽植时，根系应舒展，表土填入穴中根系范围内。

　　3. 抚育管理

　　（1）中耕除草　造林后，加强白榆林地管理。尤其是造林最初几年的抚育管理更为重要。造林后 2~3 年，应进行松土、除草、培土、压青等工作。这不仅是为消灭杂草，有利于林地土壤蓄水、保墒，提高土壤肥力，为白榆生长创造良好的土壤条件。同时，盐碱地还能有效地防止熟土层返碱。如混栽紫穗槐发墩较旺，可在夏季平茬，将割下的嫩枝叶翻入白榆根圈周围土中压青，增加土壤肥力，促进幼树生长。

　　（2）修枝与间伐　白榆在幼龄期发枝较多，常造成枝杈横生，干形不良，应及时修枝。栽后第一年，树冠要占全树高度的 3/4 以上，2~3 年的幼树，树冠要占全树高度的 2/3。根据培育材种目标的不同，来确定树干的高度，达到定干高度后，不再剪枝，使树冠扩大，加速生长。

　　【病虫害防治】

　　（1）溃疡病　是危害榆树枝、树干的一种病害，主要危害 1~7 年生白榆。树木感病后，枝、干部受害部位变细下陷，纵向开裂，当病斑环绕一周时，输导组织被切断，树木干枯死亡，使榆树正常生长受到严重影响。受害树木多在皮孔和修枝伤口处发病。发病初期，病斑不明显，颜色较暗，皮层组织变软呈深灰色，病部稍隆起。发病后期，病部树皮组织坏死，枝、干受害部位变细下陷，纵横开裂，形成不规则斑。最后，病斑处长满黑色小颗粒状物，为病原菌分生孢子器。小树、苗木当年枯死，大树则数年后枯死。

　　防治方法：严格控制使用带病苗木，发现病株就地烧毁。及时修枝、防治榆跳象，提高抗病力。发病初期，用 70% 甲基托布津 200~300 倍液，或 50% 多菌灵可湿性粉剂 50~100 倍液，或 723 神农液原液涂抹防治。

　　（2）榆毛胸萤叶甲　又名榆蓝金花虫。以幼虫危害榆树叶片为主，严重发生时可将叶片食成网状，甚至将树冠叶片全部食光，成虫还有进入公共场所、居民家中扰民的习性。河南 1 年发生 1~2 代，以成虫在房屋缝隙、土壤、杂草丛等处越冬。翌年榆树发芽期越冬代成虫开始取食树叶，4 月中下旬开始在叶上产卵，5 月上旬幼虫开始危害，进入第一次危害高峰期，5 月下旬老熟幼虫群集在榆树枝干伤疤等处化蛹，6 月下旬羽化出成虫。羽化较早的成虫可继续产卵繁殖，8 月末第二代幼虫群集化蛹，严重时也可对榆树叶片造成重大危害。

　　防治方法：利用幼虫群集于枝干化蛹的习性，人工捕杀。低龄幼虫期可使用 10% 吡虫啉可湿性粉剂 1000 倍液喷雾防治。成虫发生期可使用 25% 高渗苯氧威可湿性粉剂 300 倍液喷雾防治。

（3）榆紫金花虫　一年发生一代。成虫在土内越冬，翌春树叶发芽时出来危害。雌虫开始产卵在小枝上，以后产在叶上，卵经 5~7 天孵化为幼虫，幼虫在 5~6 月间大量出现，经 20~30 天老熟后入土化蛹。老一代成虫此时也下树越夏，8 月间新羽化的成虫和越夏的老成虫又上树危害，直至 10 月下旬成虫再下树越冬。幼虫、成虫均危害叶片，大发生时常把树叶全部吃光，严重危害树叶。

防治方法：喷洒 90% 的敌百虫 800~1000 倍液，毒杀幼虫和成虫。

（4）黑绒金龟子　一年发生一代。4 月中、下旬成虫出土，6 月份为产卵盛期，6 月中旬孵化出幼虫，8 月中、下旬，老熟幼虫化蛹，蛹经过 10 天左右羽化为成虫，成虫在土中越冬。成虫喜食嫩叶和幼芽，夜间和上午潜伏，午后群集危害，在温暖无风天气出现最多。

防治方法：在成虫出现盛期，可振落捕杀与设灯光诱杀。

（5）榆天社蛾　一年发生一代，6~7 月出现成虫，白天潜伏，夜间活动。卵多产于叶片下面，常百余粒集中成块，单层排列，约经 2 周孵化，幼虫多群集在叶上，昼夜取食。8~9 月危害最重，大发生时叶子可全被吃光，造成二次发叶，9 月间幼虫老熟入土。化蛹越冬。

防治方法：秋后在树干周围土中挖蛹。利用幼虫受惊时吐丝落地的习性，振动树干，捕杀幼虫。在幼虫群集时，喷洒 90% 敌百虫 800~1000 倍液毒杀幼虫。成虫有较强的趋光性，夜间可用灯光诱杀。

（6）榆毒蛾　成虫纯白无斑，与杨毒蛾相似，但较小，翅顶较圆。前足胫节与跗节，中、后足跗节均橙黄色。一年二代，6~7 月为第一代成虫，8~9 月为第二代成虫羽化期。

防治方法：春季越冬幼虫危害时，喷 90% 敌百虫 1000 倍液于树干，或喷40% 氧乐果液 500 倍毒杀，或埋呋喃丹于树下，以根吸收后毒杀。也可用黑光灯诱杀成虫。

（7）光肩星天牛　防治方法参照毛白杨。

11　'豫引 1 号'刺槐

学　　名： *Robinia pseudoacacia* 'Yuyin No.1'

类　　别： 引种驯化品种

通过类别： 审定

编　　号： 豫 S-ETS-RP-028-2013

证书编号： 豫林审证字 323 号

引 种 者： 河南省林业科学研究院

【品种特性】　匈牙利引进品种。树皮灰白色，皮薄，裂纹直，浅纵裂。树冠倒卵形，分枝较粗，冠内分枝稀疏，树高、胸径、材积比'豫刺槐1号'分别增益15.21%、18.52%、93.74%。

【适宜种植范围】　河南省刺槐适生区。

【栽培管理技术】　带干栽植以芽苞刚开放时造林成活率高；截干造林，以秋冬季造林效果最好，成活率高，生长快，干形好。截干高度以不超过3cm为宜，萌条少，生长旺盛。栽植不宜过深，一般比原土痕高出3~5cm。造林密度要比其他阔叶树稍大，以促进树高生长，提早郁闭，培养优良干形。造林密度要根据林种、立地条件和营林精细程度灵活掌握。栽植后要进行幼林抚育，主要包括松土锄草、扩穴培土、踩穴、清淤、抹芽修枝、间苗等。具体技术参考《河南林木良种》（2008）'豫刺槐1号'。

12　'豫引2号'刺槐

学　　　名：*Robinia pseudoacacia* 'Yuyin No. 2'

类　　　别：引种驯化品种

通过类别：审定

编　　　号：豫 S-ETS-RP-029-2013

证书编号：豫林审证字324号

引 种 者：河南省林业科学研究院

【品种特性】　匈牙利引进品种。主干通直圆满。树皮灰色，裂纹稍斜，呈条状，纵裂宽1cm左右。树冠倒卵形，分枝角平均50°。树高、胸径、材积比'豫刺槐1号'分别增益11.83%、18.48%、26.36%。

【适宜种植范围】　河南省刺槐适生区。

【栽培管理技术】　见'豫引1号'刺槐。具体技术参考《河南林木良种》（2008）'豫刺槐1号'。

13　'豫刺9号'刺槐

学　　　名：*Robinia pseudoacacia* 'Yuci No. 9'

类　　　别：优良品种

通过类别：审定

编　　　号：豫 S-SV-RP-030-2013

证书编号：豫林审证字325号

选 育 者：河南省林业科学研究院

【品种特性】　选育品种。主干通直到顶。树皮浅灰色，浅裂、裂片细小均匀。侧枝长而稀疏，树冠倒卵形。小叶片较宽，呈长椭圆形。树高、胸径、材积比'豫刺槐 1 号'分别增益 13.56%、17.72%、30.48%。

【适宜种植范围】　河南省刺槐适生区。

【栽培管理技术】　见'豫引 1 号'刺槐。具体技术参考《河南林木良种》(2008)'豫刺槐 1 号'。

14　'豫刺槐 3 号'刺槐

学　　　名：*Robinia pseudoacacia* ' Yucihuai No. 3 '

类　　　别：优良品种

通过类别：审定

编　　　号：豫 S-SV-RP-030-2015

证书编号：豫林审证字 429 号

选 育 者：河南省林业科学研究院

【品种特性】　选育品种。与同期刺槐品种相比，速生性强，生物量大。

【适宜种植范围】　河南省沙区。

【栽培管理技术】　见'豫引 1 号'刺槐。具体技术参考《河南林木良种》(2008)'豫刺槐 1 号'。

15　'豫刺槐 4 号'刺槐

学　　　名：*Robinia pseudoacacia* ' Yucihuai No. 4 '

类　　　别：优良品种

通过类别：审定

编　　　号：豫 S-SV-RP-031-2015

证书编号：豫林审证字 430 号

选 育 者：河南省林业科学研究院

【品种特性】　选育品种。与同期刺槐品种相比，速生性强，生物量较大。

【适宜种植范围】　河南省各地。

【栽培管理技术】　见'豫引 1 号'刺槐。具体技术参考《河南林木良种》(2008)'豫刺槐 1 号'。

16 '豫林 1 号'香椿

学　　　名： *Toona sinensis* 'Yulin No. 1'

类　　　别： 优良品种

通过类别： 认定(有效期 5 年)

编　　　号： 豫 R-SV-TS-058-2015

证书编号： 豫林审证字 457 号

选 育 者： 河南省林业科学研究院、南阳市林业科学研究所

【品种特性】 选育品种。速生且材质优良。嫁接苗当年高度可达 2m 以上，胸径可达 2.3cm 以上。造林 3 年时，树高平均 9.2m，胸径平均 10.4cm。树干通直，干性强，未发现香椿白粉病和桑黄萤叶甲危害。耐寒性较差。

【适宜种植范围】 河南省香椿适生区。

【栽培管理技术】

1. 苗木培育

（1）播种育苗

● 苗圃地选择：育苗地要选择土壤肥沃、排水良好、地下水位较低的地方。整地前施足基肥，一般每亩施有机肥 4000～5000kg。

● 采种及处理：'豫林 1 号'香椿一般 7～8 年开始结实。采种应选生长健壮的 15～30 年生、无病虫害的母树上充分成熟的果实。种子 10 月份成熟，蒴果由青绿色变为黄褐色、尚未裂开时及时采摘。过迟蒴果开裂，种子飞散，难以采到。剪下果穗，晾晒数天后，蒴果裂开，取出种子，去杂、装袋干藏。每千克种子约 65000 粒。发芽率 40%～50%。种子必须是当年新采的，种皮新鲜呈红黄色，种仁呈黄白色带有膜质的饱满种子，净度在 98% 以上，发芽率在 80% 以上。

● 种子催芽与播种：春季播种，一般在 3～4 月。播种前先用 40℃ 的温水浸泡 24 小时，再用 1% 的甲醛溶液浸泡 20 分钟，冲洗、沥干水分。然后与 3 倍河沙或细土混合，在 20～25℃ 下催芽；若低温层积需 20～30 天。种子裂嘴后，就可播种。播种多用条播，行距 25cm。每公顷播种量 36～60kg。播种后覆土 0.5～0.8cm，或盖薄膜、盖草保温。经过催芽的种子能提早 5～10 天出土，并且出苗整齐。

● 幼苗培育：在出苗期间要保持土壤湿润。香椿幼苗怕日灼，可遮荫或喷水预防。苗木出土后，要注意中耕除草。苗高 5～10cm 左右时进行间苗，保持株距 15～20cm，每亩产苗量 1.3 万～1.5 万株。香椿怕涝，在雨季要注意排水和松土。7～8 月份为速生期，需肥量增大，以追施氮肥为主。进入 9 月生长缓慢，

可追施磷、钾肥各 1 次，促进苗木的木质化，以免早霜或寒流冻伤。幼苗期易患根腐病，苗木早期落叶，应注意排水，并用药剂防治。一年生苗高 80 ～ 100cm，地径 1.2cm 以上，即可出圃。

（2）埋根育苗　　方法简便，成活率高，苗木容易管理，质量好，成本低。采集种根以 1～2 年生苗木的根为最好；健壮母树上的侧根，也可利用。种根在春季 3～4 月间采集，采后及时剪截。长度 15～20cm，小头剪口要斜。用生根粉处理后插栽于苗床中，埋土 5～10cm，25～30 天即可长出幼芽。每亩可育 2000～3000 株。为使苗木生长整齐，应按粗度将种根分级育苗。为防止种根愈合组织腐烂，保证地温，一般可不浇水。若干旱时可采取行间开沟浇水，浇水和雨后要及时松土保梢。苗高 10cm 时要及时去弱芽，留壮芽一个。香椿根具有较强的萌蘖力，也可留根培育成苗。

2. 造林

（1）造林地选择及整地　　'豫林 1 号'香椿喜光，耐庇荫、较耐水湿。在 pH 值 5.5～8 的山地、丘陵、平原、沙壤土、黏壤土均可生长。但以缓坡地带，pH 值 6～7.5 的深厚、湿润的沙质壤土生长最好。香椿是速生树种，主侧根均发达，栽前须细致整地，施足底肥，每公顷施圈肥 3.75 万～5.25 万 kg、氮肥 1125kg、磷肥 750kg。造林地应选择在阳坡、土层深厚的地方，进行穴状整地，一般长、宽、深各 50cm。

（2）栽植方法　　一般在春季土壤解冻后，发芽前移栽。选苗时要清除患有根腐病的苗木，主根过长可截断一部分，随起苗随栽植。栽植不宜太深，一般在原根颈土痕以上 2～3cm 为宜。香椿是一种喜光速生树种，需要相当大的营养空间，密度不宜过大，用材林株行距 1.5m×2m 或 2m×2m。实行椿粮间作，行距 20～40m，株距 3～5m。也可在村旁、路旁、房前屋后及山坡下部冲积沟广泛栽植。造林后及时做好除草、松土、追肥、除萌等抚育管理。如以摘取幼叶为经营目的，栽植密度每亩 200～300 株。若以用材为目的，密度可小些，侧芽萌发后，及时摘除，促进高生长。

3. 抚育管理

造林后应及时进行除草、松土、追肥、灌水、除萌条等措施。春栽后浇水 2～3 次，秋栽后浇透水，但不可过多，防止烂根，并及时覆土保墒。香椿栽植当年采芽，每株幼苗需在 4、7 月各追施复合肥 50g，以增强树势。如以摘取幼叶为经营目的时，应在芽开始萌动前，摘去顶芽或在 1m 左右高处截干，抑制高生长，促使多萌侧芽，以提高产量。

栽植后 4～5 年，矮化树型已形成，植株枝多叶大，树冠郁闭，通风不良，可隔 1 株去 1 株，扩大株距。7～8 年后，可隔 1 行去 1 行，以保证密植园合理的群体结构。每年落叶后，疏去过密的细弱枝。3～5 年骨干枝，80% 的部位光裸无芽，可留 20～30cm 进行短剪，促生新枝。

【病虫害防治】

（1）根腐病（立枯病） 香椿幼苗期表现为芽腐病、猝倒病和立枯病，大苗表现为根茎和叶片腐烂病，高温、高湿条件下容易发生。患处皮层变为赭褐色，继而变为黑褐色，流水腐烂，难以自愈。病株生长发育迟缓，中期落叶，重者可引起死亡。多在夏秋阴雨天和排水不良的圃地或林分内发生。根腐病除生理失调引起外，主要是病菌寄生所致。

防治方法：合理选择育苗地和造林地，选择肥沃、松软、排水良好的土壤。适时间苗，防止苗木过密，培育壮苗。发现病株及时拔除。合理施肥，多施充分腐熟的有机肥料，氮磷钾肥合理配合使用。

用生石灰（0.5～1kg）撒入栽植穴内，拌匀后再栽植，或用 50％代森锌 800倍液浇灌。为防止苗木带病菌出圃，应选壮苗，并用 5％的石灰水或 0.5％高锰酸钾溶液浸根 15～30 分钟，再用清水洗净后栽植。对可能发病或发病很轻的树，可用 50％代森锌 800 倍液浇根；或用 1％波尔多液或 50％代森铵 1000 倍液喷洒根基处，每株 3～4kg。防止病害蔓延。

（2）叶锈病 主要危害叶片，夏孢子堆生于叶片两面，散生或群生，黄褐色，突出叶面。冬孢子堆多生于叶片背面，呈不规则的黑褐色病斑，散生或相互合并为大斑，突出叶背。感病植株长势缓慢，叶斑很多，严重时引起早期落叶。受害植株生长衰弱，提早落叶，影响翌年香椿芽的产量。

防治方法：冬季扫除病枝与落叶，进行焚烧。于发病初期。用 0.2～0.3 波美度石硫合剂喷洒，每 15 天 1 次，每亩用量 100kg 左右。

（3）干枯病 多在幼树上发生，危害主干。首先在树皮上出现梭形水浸状湿腐斑，继而扩大，呈不规则状。病斑中部，树皮裂开，流出树胶。当病斑环绕主干一周时，上部树梢枯死。

防治方法：注意种源，加强管理，就地选择无病株留种，或从环境条件相似的地区调种。对幼树合理增施磷、钾肥，严防氮肥过多。对林旁、道旁的树干涂白或混交其他树种遮荫，防止日灼或冻裂，

发病时用 70％托布津 2000 倍液喷洒。剥除患处树皮，并涂以氯化锌甘油合剂或 10％的碱水。

（4）白粉病 主要危害叶片，有时也侵染枝条。在叶面、叶背及嫩枝表面形成白色粉状物，后期于白粉层上产生初为黄色，逐渐转为黄褐色至黑褐色大小不等的小粒点，即病菌闭囊壳。叶片上病斑多不太明显，呈黄白色斑块，严重时卷曲枯焦，嫩枝染病后扭曲变形，最后枯死。此病由一种真菌侵染引起。病菌在病叶及病枝上越冬。翌年春天病菌借风雨传播侵染，病菌由气孔侵入叶片，在叶背上产生大量白色粉末状病菌孢子使病害扩散蔓延。条件适宜时，病

害发生周期很短，一年可反复感染多次，发病后病情一般都较重，防治不及时则难于控制，因而必须在预防基础上，配合药剂防治。

防治方法：及时清理病枝、病叶、集中堆沤处理或烧毁。配合施用氮肥、磷肥和钾肥，适时浇水和追肥，增强植株生长势和抗病能力。

在香椿发芽前或发病初期，可选用 40% 福星乳油 8000～10000 倍液，或 30% 特富灵可湿性粉剂 5000 倍液，或 40% 多硫悬浮剂 600 倍液，或 6% 乐必耕可湿性粉剂 4000 倍液，或 2% 农抗 120 或武夷菌素 200 倍液，均匀喷洒枝叶，10～20 天防治 1 次，视病情防治 1～3 次。

（5）乌蠹蛾　该虫蛀入香椿干部，幼虫在韧皮和木质部取食危害，虫孔外有粪便排出，并流胶。受害边材伤口愈合后形成很多疙瘩。

防治方法：在蛀孔处用尖刀挖至木质部即可发现幼虫，新蛀虫孔外部有新鲜粪便，有胶状物，极易发现。在虫孔内注入氧乐果 60～80 倍液，毒杀幼虫，或刮去老皮清除虫卵。用石灰涂白防止产卵。注意保护天敌虎甲。4、5 月份在树干上喷洒白僵菌，杀死外出化蛹的幼虫，6～7 月份宜用灯光诱杀成虫。

（6）云斑天牛　幼虫蛀食树皮，外面可见树皮隆起，纵裂，有木屑排出。后危害木质部，先作水平方向蛀入树干中心，后向上蛀食，孔道内充满纤维状木屑。越冬成虫 5 月份飞出，咬食嫩枝、树皮，以补充营养。

防治方法：云斑天牛产卵部位低，明显可辨。在产卵和孵化初期，及时检查，发现产卵痕迹或幼虫，即可捕杀。清除洞内木屑，用铁钩杀死其中幼虫。捕杀成虫，清除排泄孔内木屑，注入氧乐果，再用泥封住排泄孔。

17　'毛四'泡桐

学　　名：*Paulownia fortunei* 'Maosi'
类　　别：优良品种
通过类别：审定
编　　号：豫 S-SV-PF-025-2014
证书编号：豫林审证字 371 号
选 育 者：河南农业大学泡桐研究所

【品种特性】　四倍体品种。地径、株高、胸径、枝下高和冠幅均大于对照，自然接干率可达到 93%。木材的顺纹拉力强度、抗弯强度、抗弯弹性模量、硬度和顺纹抗压强度均高于二倍体泡桐。此外，木材的基本密度和白度也大于相应的二倍体泡桐。抗盐性和抗寒性增强，丛枝病发生率低。

【适宜种植范围】　河南省推广应用。

【栽培管理技术】　生长初期（5 月中下旬至 7 月上旬）、速生期（7 月中下旬至8月下旬)、生长后期(9月以后)适时追肥;施肥时适当灌水。具体技术参考《河南林木良种》(2008)兰考泡桐。

【病虫害防治】 易遭受腐烂病、溃疡病、泡桐网蝽、泡桐叶甲等病虫危害,要及时进行防治。

18 '南四'泡桐

学　　　名：*Paulownia fortunei* 'Nansi'

类　　　别：优良品种

通过类别：审定

编　　　号：豫 S-SV-PF-026-2014

证书编号：豫林审证字 372 号

选 育 者：河南农业大学泡桐研究所

【品种特性】 四倍体品种。地径、株高、胸径、枝下高和冠幅均大于对照,自然接干率达到90%以上。'南四'泡桐木材的顺纹拉力强度、抗弯强度、抗弯弹性模量、硬度和顺纹抗压强度均高于相应二倍体泡桐。此外,木材的密度和白度也大于相应的二倍体泡桐。经过在大田试验观察,四倍体南方泡桐的抗旱性、抗盐性和抗寒性均显著提高,丛枝病发生率低。

【适宜种植范围】 河南省推广应用。

【栽培管理技术】 生长初期(5月中下旬至7月上旬)、速生期(7月中下旬至8月下旬)、生长后期(9月以后)适时追肥;施肥时适当灌水。具体技术参考《河南林木良种》(2008)兰考泡桐。

【病虫害防治】 易遭受腐烂病、溃疡病、泡桐网蝽、泡桐叶甲等病虫危害,要及时进行防治。

19 '杂四'泡桐

学　　　名：*Paulownia fortunei* 'Zasi'

类　　　别：优良品种

通过类别：审定

编　　　号：豫 S-SV-PF-027-2014

证书编号：豫林审证字 373 号

选 育 者：河南农业大学泡桐研究所

【品种特性】 四倍体品种。株高、胸径、枝下高和冠幅均大于对照,自然接干率达到95%。'杂四'泡桐的木材的顺纹拉力强度、抗弯强度、抗弯弹性模量、硬度和顺纹抗压强度均高于相应二倍体泡桐。此外，木材的基本密度和白度也大于相应的二倍体泡桐。经过在大田试验观察，发现杂四泡桐的抗盐性和抗寒性均显著提高，并且丛枝病发生率显著降低。

【适宜种植范围】　河南省推广应用。

【栽培管理技术】　生长初期（5月中下旬至7月上旬）、速生期（7月中下旬至8月下旬）、生长后期（9月以后）适时追肥；施肥时适当灌水。具体技术参考《河南林木良种》（2008）兰考泡桐。

【病虫害防治】　易遭受腐烂病、溃疡病、泡桐网蝽、泡桐叶甲等病虫危害，要及时进行防治。

20　'中林1号'楸树

学　　　名：*Catalpa bungei* 'Zhonglin No. 1'

类　　　别：优良品种

通过类别：审定

编　　　号：豫 S-SV-CB-020-2014

证书编号：豫林审证字 366 号

选 育 者：中国林业科学研究院林业研究所、洛阳农林科学院

【品种特性】　杂交品种。主干明显，自然接干能力强；粗生长快，材积大，材质优，抗旱、抗风能力强，扦插繁殖容易，是干旱半干旱地区造林的适宜品种。

【适宜种植范围】　河南省楸树适生区。

【栽培管理技术】　造林当年平茬，树木发芽期及时抹芽，保留一个壮芽促发新干。第2年进行人工接干，方法是开春及时进行顶梢回截，将木质化程度不高的梢部剪除，待新梢长到5~10cm时，在顶部保留2个枝条，将其余枝条抹除。当保留的新梢长到20~30cm时，将其中一个枝条摘心，生长季节及时抹去侧芽，以促主梢生长形成主干。造林密度应根据培育目的确定，培育绿化苗木株行距控制在2m×3m，片林设计间伐的株行距为2m×3m，不间伐的株行距为4m×5m，农楸间作株距4~5m，"四旁"栽植要求栽植胸径大于6cm以上的大苗。具体技术参考《河南林木良种》（2008）'豫楸1号'。

【病虫害防治】　病虫害防治和抚育管理同楸树。

21　'中林 2 号'楸树

学　　　名：*Catalpa bungei* 'Zhonglin No. 2'

类　　　别：优良品种

通过类别：审定

编　　　号：豫 S-SV-CB-021-2014

证书编号：豫林审证字 367 号

选 育 者：洛阳农林科学院、中国林业科学研究院林业研究所

【品种特性】　杂交品种。主干明显，自然接干能力强，高生长和粗生长均好，材积大，密度高，材质优，适应性强，扦插繁殖容易，是平原农区速生丰产林及园林观赏兼用的适宜品种。

【适宜种植范围】　河南省楸树适生区。

【栽培管理技术】　造林当年平茬，树木发芽期及时抹芽，保留一个壮芽促发新干。第 2 年进行人工接干，方法是开春及时进行顶梢回截，将木质化程度不高的梢部剪除，待新梢长到 5～10cm 时，在顶部保留 2 个枝条，将其余枝条抹除。当保留的新梢长到 20～30cm 时，将其中一个枝条摘心，生长季节及时抹去侧芽，以促主梢生长形成主干。造林密度应根据培育目的确定，培育绿化苗木株行距控制在 2m×3m，片林设计间伐的株行距为 2m×3m，不间伐的株行距为 4m×5m，农楸间作株距 4～5m，"四旁"栽植要求栽植胸径大于 6cm 以上的大苗。具体技术参考《河南林木良种》（2008）'豫楸 1 号'。

【病虫害防治】　病虫害防治和抚育管理同楸树。

22　'金楸 1 号'楸树

学　　　名：*Catalpa bungei* 'Jinqiu No. 1'

类　　　别：优良品种

通过类别：审定

编　　　号：豫 S-SV-CB-022-2014

证书编号：豫林审证字 368 号

选 育 者：中国林业科学研究院林业研究所、洛宁县林业局

【品种特性】　选育品种。顶端优势特别明显，根系发达，生长速度快，分枝角度小，耐干旱，树干通直，树姿挺拔，尖削度小，花紫白相间。材质优良，不翘不裂，不易虫蛀，耐水耐腐，木材纹理通直，容易加工，切面光滑，板材金黄色，年轮线金黄色加重呈金丝状等。年胸径生长量高出普通金丝楸

21.88%以上。嫩枝扦插生根率90%以上。

【适宜种植范围】　河南省楸树适生区。

【栽培管理技术】　该品种根系发达，喜光，耐干旱能力强，对土壤要求不严，造林地宜选择土层厚度1m以上、排水良好的壤土和沙壤土地区，适生长于年平均气温10~15℃，降水量700~1200m的环境。可作纯林，林粮间作，也可作行道树。纯林造林密度可选择3m×3m、3m×5m或4m×5m，林粮间作按照4~5m株距栽植，作行道树可按照4m×4m或4m×5m的株行距栽植。造林后林地应加强中耕除草，及时除萌，通过合理施肥可以显著增强树势，提高生长量。具体技术参考《河南林木良种》(2008)'豫楸1号'。

【病虫害防治】　每年5~8月注意防治楸梢螟。

23　'中滇63号'滇楸

学　　　名：*Catalpa duclouxii* 'Zhongdian No. 63'

类　　　别：引种驯化品种

通过类别：审定

编　　　号：豫 S-ETS-CD-023-2014

证书编号：豫林审证字369号

引　种　者：中国林业科学研究院林业研究所、南阳市林业科学研究所

【品种特性】　从贵州引进品种。速生特性表现尤为突出。2年生嫁接苗，胸径达到3~4 cm，树高达到3~5m，6年生时胸径达到12~16cm，树高达到7~8m。

【适宜种植范围】　河南省楸树适生区。

【栽培管理技术】　早春造林，易出现闷芽现象，造成发芽晚甚至不发芽。造林时间以2月上旬至3月上旬芽将萌动时为最佳。表土回填穴底，踏实、浇足水、扶直苗、覆膜保墒。晚秋和初冬也是造林时间。为避免冬春季干旱，苗木地上部分干枯，可采用栽后平茬的方法造林。具体技术参考《河南林木良种》(2008)'豫楸1号'。

24　'中滇128号'滇楸

学　　　名：*Catalpa duclouxii* 'Zhongdian No. 128'

类　　　别：引种驯化品种

通过类别：审定

编　　　号：豫 S-ETS-CD-024-2014

证书编号： 豫林审证字 370 号

引 种 者： 南阳市林业科学研究所、中国林业科学研究院林业研究所

【品种特性】 从贵州引进品种。主干端直和速生特性表现较为突出。2 年生嫁接苗，胸径年平均生长量达 3.15cm，树高平均达 3.45m；第三年接干形成 4.3m 的主干；5 年生平均胸径 11.97cm，平均树高 7.71m。

【适宜种植范围】 河南省楸树适生区。

【栽培管理技术】 早春造林，易出现闷芽现象，造成发芽晚甚至不发芽。造林时间以 2 月上旬至 3 月上旬芽将萌动时为最佳。表土回填穴底，踏实、浇足水、扶直苗、覆膜保墒。晚秋和初冬也是造林时间。为避免冬春季干旱，苗木地上部分干枯，可采用栽后平茬的方法造林。具体技术参考《河南林木良种》（2008）'豫楸 1 号'。

25 '中林 5 号'楸树

学 名： *Catalpa bungei* 'Zhonglin No. 5'

类 别： 优良品种

通过类别： 审定

编 号： 豫 S-SV-CB-027-2015

证书编号： 豫林审证字 426 号

选 育 者： 中国林业科学院林业研究所、南阳市林业科学研究所

【品种特性】 杂交品种。速生性强，嫁接苗当年平均高度可达 3.35m 以上，胸径可达 3.5cm 以上，造林 6 年时，树高平均达 8.86m，胸径平均 13.51cm。树干通直，接干能力强，第二年接干后即形成 4.55m 左右的主干。树冠开阔，分支角度较大，特别适合做行道树和园林绿化树种。材质优良，材性好，木材纹理通直、花纹美观、质地坚韧致密、坚固耐用、绝缘性能好、耐水湿、耐腐、不易虫蛀；适应性、抗逆性强。

【适宜种植范围】 河南省楸树适生区。

【栽培管理技术】 以获得大径材为主的，造林密度宜 3m×4m；营造水土保持林为主的，造林密度 2m×3m；农楸间作林 3m×30m 或 3m×40m，防护林 2m×3m。造林后平茬，当年及时抹芽、除蘖培育主干。造林后连续 2 年在冬春季发芽前，应疏除个别株的主干竞争枝，对主干低矮、分杈多的植株，选留健壮萌发条，培养新的主干，逐步剪除辅养枝，达到接干的目的；合理修枝能促进全面生长，5 年生后其主干到预定高度时，修枝强度不应太大，应保持主干高占树高的 2/5 左右。修枝高度控制在 7~8m 之间。具体技术参考《河南林木良种》（2008）'豫楸 1 号'。

【病虫害防治】 病虫害主要为楸梢螟和根结线虫，应对症防治。

26 '金丝楸0432'

学　　名：*Catalpa bungei* 'Jinsiqiu No. 0432'

类　　别：优良品种

通过类别：审定

编　　号：豫 S-SV-CB-028-2015

证书编号：豫林审证字 427 号

选育者：洛阳市林业工作站、洛宁县林业局

【品种特性】 选育品种。顶端优势强，根系发达，生长较快。树姿挺拔，树冠锥形，分支角度小，尖削度小，花紫白相间，艳丽悦目。树干直、节少、材性好；木材纹理美观、质地坚韧致密，板材金黄色，年轮线金黄色加重呈金丝状。抗拉抗弯强度大，易加工。

【适宜种植范围】 河南省楸树适生区。

【栽培管理技术】 栽植株行距可按 3m×3m、4m×4m、4m×5m。栽植时应施用腐熟圈肥作基肥，基肥要与栽植土拌匀。春季栽植时应立即浇第一次水，3 天后浇第二遍水，5 天后浇第三遍水。秋季栽植以 11 月中旬为宜，栽植后立即浇第一次水，7 天后浇第二遍水；12 月中旬栽植，浇一次水即可。该品种喜肥，除在栽植时施足基肥外，还应于每年秋末结合浇防冻水施腐熟有机肥，5 月初补施尿素，使枝叶繁茂，加速生长；7 月下旬施磷钾肥，提高植株枝条的木质化，有利安全越冬。具体技术参考《河南林木良种》(2008)'豫楸 1 号'。

27 '百日花'楸树

学　　名：*Catalpa bungei* 'Bairihua'

类　　别：优良品种

通过类别：审定

编　　号：豫 S-SV-CB-029-2015

证书编号：豫林审证字 428 号

选育者：洛阳农林科学院

【品种特性】 杂交品种。枝条稠密，一年内多次分枝多次开花、结果。单次花期 15～18 天，累计花期 100 天左右，总状圆锥花序。属用材与园林绿化兼用品种。

【适宜种植范围】 河南省楸树适生区。

【栽培管理技术】　Ⅰ、Ⅱ级苗木造林当年接干，Ⅱ级以下苗木造林当年平茬，发芽期及时抹芽，保留一个壮芽促发新干。平茬苗第2年进行人工接干，方法是开春及时进行顶梢回截，将木质化程度低的梢部剪除，待新梢长到5～10cm时，在顶部保留2个枝条，将其余枝条抹除。当保留的新梢长到20～30cm时，将其中一个枝条摘心，生长季节及时抹去侧芽，以促主梢生长形成主干。该品种主要用于园林绿化，其栽植密度依不同绿化模式确定。通道和庭院绿化，单行栽植株距5～6m，双行以上行距6～8m，株距3～4m；"四旁"栽植，根据"四旁"的立地条件和周围环境确定列植或丛植，列植株行距(4～6)m×(5～8)m，丛植为4～5m。具体技术参考《河南林木良种》(2008)'豫楸1号'。

28　'中林6号'楸树

学　　　名：*Catalpa bungei* 'Zhonglin No.6'
类　　　别：优良品种
通过类别：认定(有效期5年)
编　　　号：豫R-SV-CB-056-2015
证书编号：豫林审证字455号
选　育　者：南阳市林业科学研究所、中国林业科学院林业研究所
【品种特性】　杂交品种。速生性强，嫁接苗当年平均高度可达3.3m以上，胸径可达3.4cm以上，造林6年时，树高平均8.63m，胸径平均13.20cm。接干能力强，第二年接干后即形成4.4m左右的主干。树干通直，节少，材质优良，边材灰黄色，心材暗棕黄色，木材具有光泽。花朵稠密、花色艳丽，观赏价值较高。冠形较窄，适合农田林网间作。具有耐寒、抗旱、抗病虫害等优良特性。

【适宜种植范围】　河南省楸树适生区。

【栽培管理技术】　以获得大径材为主的，造林密度宜3m×4m；营造水土保持林为主的，造林密度2m×3m；农楸间作林造林密度3m×30m或3m×40m；防护林2m×3m。造林后平茬，当年及时抹芽、除蘖培育主干。造林后连续2年，在冬春季发芽前，应疏除个别株的主干竞争枝，对主干低矮、分权多的植株，选留健壮萌发条，培养新的主干，逐步剪除辅养枝，达到接干的目的；合理修枝能促进全面生长，5年生后其主干到预定高度时，修枝强度不应太大，应保持主干高占树高的2/5左右。修枝高度控制在7～8m之间。具体技术参考《河南林木良种》(2008)'豫楸1号'。

【病虫害防治】　病虫害主要为楸梢螟和根结线虫，应对症加强防治。

第二篇　经济林良种

01　'宛银1号'银杏

学　　　名：*Ginkgo biloba* ' Wanyin No. 1 '

类　　　别：优良品种

通过类别：审定

编　　　号：豫 S-SV-GB-021-2013

证书编号：豫林审证字 316 号

选 育 者：南阳市经济林林木种苗工作站

【品种特性】　选育品种。树势健壮，树冠开张，主枝旺。果实椭圆形，种核大而丰肥，菱形，两端尖；10 月上旬成熟，成熟后外种皮黄色，被白粉。出核率 32.6%，出仁率 82.5%，千粒重 8829g，单核重 3.15g。内种皮壳薄，洁白，种仁质细，富浆汁，糯软，微苦。

【适宜种植范围】　河南省银杏适生区。

【栽培管理技术】　10 月下旬至 11 月中旬栽植，成活率高且翌年生长较快；3 月中旬栽植，成活率最高，但当年生长量不如秋末冬初栽植的大。新建银杏园按雌雄 100∶1~2 配置雄株，并均匀定植。整形修剪为圆头形、主干疏层形和无层形 3 种。应本着主枝适量、侧枝有序、通风透光的基本要求修剪，按照冬剪为主、夏剪为辅；疏剪为主、短截、回缩为辅的原则进行。对于新栽的嫁接银杏树，应及时除去嫁接口以下的萌生枝条。银杏是喜水怕旱又怕淹树种，应做到干旱时及时浇水，雨涝时及时排涝。因每年的降水均匀度不同，很难规定每年应浇几次水。一般要浇 4 次关键水，即发芽水、花后水、种子膨大水、越冬水。排水工作以做到在阴雨天银杏园内树周无积水为准。未栽植雄树的银杏园（树），需在开花季节进行人工授粉。应加强水、肥、土管理，增强树势，充分利用银杏自身的抗菌杀虫优势，防治结合。具体技术参考《河南林木良种》(2008)'豫银杏 1 号'('龙潭皇')。

02 '宛银2号'银杏

学　　名：*Ginkgo biloba* 'Wanyin No. 2'

类　　别：优良品种

通过类别：审定

编　　号：豫 S-SV-GB-022-2013

证书编号：豫林审证字 317 号

选 育 者：南阳市经济林林木种苗工作站

【品种特性】　选育品种。树冠开张，树势健壮，主枝旺。果实近圆形，种核饱满、上端尖利、底部平，种核除两端外其他横径变幅不大。果实10月上旬成熟，成熟后外种皮黄色，被白粉。出核率 31.1%，出仁率 81.1%，千粒重 8339g，单核重 2.89g。内种皮壳薄，洁白，种仁质细，富浆汁，糯软，微苦。

【适宜种植范围】　河南省银杏适生区。

【栽培管理技术】　同'宛银1号'银杏。具体技术参考《河南林木良种》(2008)中'豫银杏1号'('龙潭皇')。

03 '中核4号'核桃

学　　名：*Juglans regia* 'Zhonghe No. 4'

类　　别：优良品种

通过类别：审定

编　　号：豫 S-SV-JR-001-2013

证书编号：豫林审证字 296 号

选 育 者：中国农业科学院郑州果树研究所

【品种特性】　选育品种。树冠长椭圆形，树姿开张。幼树干性较强，萌芽力、成枝力中等。幼树以中、短果枝结果为主；成龄树以短果枝结果为主。果壳极薄，核仁饱满，香味浓，丰产性较好，适合做鲜果用。果实8月下旬成熟。

【适宜种植范围】　豫北、豫西和豫中等地区。

【栽培管理技术】　山地栽培宜选择土层深厚肥沃、灌溉和排水条件良好的砂壤土地块建园，阳坡或半阳坡的中、下腹，坡度以10°以下的缓坡地为好。平地建园要选择背风向阳、地下水位约2m以下、排水良好的地方。尽量避免选择重茬地，重茬地栽植时应避开原来的老树穴，多施有机肥。栽植分秋栽和春栽，宜适当进行中度密植，株行距一般采用 3m×4m，应配置'绿波''香玲'和'辽宁1号'做授粉树，主栽品种与授粉品种以 4~8:1 为宜。整形修剪采用主干疏层形和自由纺锤形。注意土肥水管理和病虫害防治。具体技术参考《河南林木良种》(2008)'中豫长山核桃 1 号'。

04　'豫丰'核桃

学　　　名：*Juglans regia* 'Yufeng'

类　　　别：优良品种

通过类别：审定

编　　　号：豫 S-SV-JR-002-2013

证书编号：豫林审证字 297 号

选 育 者：河南省林业科学研究院

【品种特性】　选育品种。树势中等，分枝力强，进入丰产期快。定植后当年开花。坚果大，椭圆形，壳面较光滑，色较浅，缝合线结合紧密，壳厚 1.2mm。以短果枝结果为主，每果枝结果 2~3 个，有穗状结果现象。果实 9 月初成熟。

【适宜种植范围】　河南省核桃适生区。

【栽培管理技术】　在年平均气温 9~16℃，冬季最低气温在 -28℃ 以上，年降水量在 450mm 以上，无霜期在 145 天以上的地区栽培。土壤以 pH 值为 6.3~8.2 的壤土、砂壤土均可，土壤含盐量宜在 0.25% 以下，土层厚度在 1.5m 上，地下水位在地表 1.5m 以下。该品种喜肥，增施有机肥有益于稳产、高产。栽植时必需配置'中林 5 号''绿波'作为授粉树，主栽品种与授粉品种可按 4~5:1 的比例进行行列式配置。株行距可采用 3m×5m 或 4m×5m。栽植时期分秋栽和春栽，需加强土肥水管理和病虫害防治。具体技术参考《河南林木良种》(2008)'中豫长山核桃 1 号'。

05　'契口'核桃

学　　　名：*Juglans regia* 'Chico'

类　　　别：引种驯化品种

通过类别：审定

编　　　号：豫 S-ETS-JR-003-2013

证书编号：豫林审证字 298 号

引 种 者：洛阳市林业工作站

【品种特性】　从美国加州引进品种。树体较小，丰产性较好，适宜密植。坚果较小，平均单果核仁重 3.8g，出仁率 47.5%，核仁品质好，单宁含量低，不涩，香味较浓，浅色仁占90%以上。果壳缝合线紧密，耐贮藏。盛果期连续丰产性强。黑斑病发生少；对炭疽病抗性较强。果实9月上旬成熟。

【适宜种植范围】　河南省核桃适生区。

【栽培管理技术】　整地方式为穴状整地，整地规格为80cm×80cm×80cm。造林密度以200~333株/hm²为宜，即株行距6m×(5~8)m。造林前3年可进行间作，以耕代抚。林地间作豆科植物、绿肥或牧草是一种较好的林地管理措施，既可防止杂草丛生，也可增加林地养分含量，提高土壤肥力。以后每年根据情况及时中耕除草。一般不需要进行修枝，日常管理中及时剪除病虫危害枝条和枯死枝条即可。该品种较耐瘠薄，造林时适当施农家肥或复合肥做底肥，以后根据生长情况确定施肥种类和施肥量。该品种也是一个耐旱品种，除造林第一年及时浇水保证成活后，一般不用浇水。具体技术参考《河南林木良种》(2008)'中豫长山核桃1号'。

【病虫害防治】　常见病虫害有黑斑病、花生根结线虫、云斑天牛、核桃举肢蛾、吉丁虫、桃蛀螟，大部分病虫害危害并不严重，结合修剪，除去病虫枝条，无需药剂防治。花生根结线虫较难防治，应尽量选择抗线虫的核桃品种做砧木，云斑天牛危害较大，发现后要及时进行防治。

06　'豫香'核桃

学　　　名：*Juglans regia* 'Yuxiang'

类　　　别：优良品种

通过类别：审定

编　　　号：豫 S-SV-JR-013-2014

证书编号：豫林审证字359号

选育者：河南农业大学园艺学院

【品种特性】　实生苗选育品种。果实个大，纵径5.12cm，横径5.28cm，侧径4.98cm；坚果圆形果个较大，纵径4.81cm，横径4.10cm，侧径3.95cm。坚果壳色浅，平均单果重13.9g，壳厚0.95~1.05mm，缝合线紧密，壳面光滑，单个核仁重8.2g，出仁率高达58.4%。果实9月中旬成熟。

【适宜种植范围】　河南省核桃适生区。

【栽培管理技术】　该品种为早实类型，对肥水要求较高，管理中适当增施农家肥或复合肥做底肥，以后根据生长情况确定施肥种类和施肥量。该品种与其他核桃品种相比，较耐旱耐瘠薄，但因其高产且连续结果能力强，需加强肥水管理。具体技术参考《河南林木良种》(2008)'中豫长山核桃1号'。

【病虫害防治】　常见病虫害有黑斑病、炭疽病、云斑天牛、核桃举肢蛾、吉丁虫，大部分病虫害危害并不严重，结合修剪，除去病虫枝条，病害用波尔多液防治。

07 '中洛缘'黑核桃

学　　名：*Juglans microcarpa* 'Zhongluoyuan'

类　　别：优良品种

通过类别：审定

编　　号：豫 S-SV-JM-014-2014

证书编号：豫林审证字 360 号

选 育 者：中国林业科学研究院林业研究所、国有洛宁县吕村林场

【品种特性】　实生苗选育品种。根系发达，抗逆性强，适应性广。作为文玩核桃，坚果个小均匀，圆滑，结实，可做饰物。作为砧木，亲和力好，抗病虫害能力强，能延长果树寿命。

【适宜种植范围】　河南省黑核桃适生区。

【栽培管理技术】　可进行秋栽和春栽。秋栽适合冬季比较温暖的地区，落叶后 1 周至土壤封冻前进行，秋栽的苗木根系伤口愈合早，生根早，缓苗快，有利于定植后的苗木生长。豫西地区较为寒冷，春栽较为合适，化冻后至苗木发芽前栽植为最宜。栽植株行距 4m×5m 或 5m×6m，栽植密度每亩 22～33 株。山坡丘陵地区的通风透光性较好，可适当密植，平原肥沃地带可适当稀植。整地可挖大沟或大穴，沟（穴）底填肥，栽后浇水覆上地膜。合理进行施肥是密植丰产园高产稳产的保证。浇水包括四个关键时期：萌芽期、花芽分化期、开花期、封冻期，浇水时以湿透根系集中分布层为宜。树干高度保留 100～150cm 为宜，一般选留 5～7 个主枝，每个主枝上着生 2～3 个侧枝。修剪主要疏除背上枝、过密枝、干枯枝、短截徒长枝。具体技术参考《河南林木良种》（2008）中'中豫 1 号'黑核桃。

08 '中宁魁'黑核桃

学　　名：*Juglans microcarpa* 'Zhongningkui'

类　　别：优良品种

通过类别：审定

编　　号：豫 S-SV-JM-015-2014

证书编号：豫林审证字 361 号

选 育 者：中国林业科学研究院林业研究所、国有洛宁县吕村林场

【品种特性】　实生苗选育品种。根系发达，抗性强，适应性广。作为砧木，亲和力好，抗病虫害能力强，能延长果树寿命。作为绿化树种，枝叶繁茂，不仅具有很好的观赏性，而且具有很好的水土保持和涵养水源的功能。作为用材树种，材质优良。

【适宜种植范围】　河南省黑核桃适生区。

【栽培管理技术】　见'中洛缘'黑核桃。具体技术参考《河南林木良种》（2008）'中豫 1 号'黑核桃。

09　'中核香'核桃

学　　　名：*Juglans regia* 'Zhonghexiang'

类　　　别：优良品种

通过类别：审定

编　　　号：豫 S-SV-JR-001-2015

证书编号：豫林审证字 400 号

选 育 者：中国农业科学院郑州果树研究所、济源市林业科学研究所

【品种特性】　实生苗选育品种。自然生长树冠圆头形，树势极强，树姿开张，有明显的中央领导干，发枝力强，雌花先开型，雄花量大。果实椭圆形，果个大，浅黄色，缝合线宽而平，壳厚 1.16mm。果基较平，果顶微尖，平均坚果重 20.6g，三径平均值 4.08cm，内褶壁膜质，横隔膜膜质，易取整仁。出仁率 57.8%，仁淡黄色，无斑点，纹理不明显，核仁香而不涩。5 年生平均株产干果 6.41kg。大小年结果现象不明显。果实 9 月上旬成熟。

【适宜种植范围】　河南省核桃适生区。

【栽培管理技术】　该品种幼树早果性较强，以中、短果枝结果为主，宜适当进行中度密植，株行距一般采用 3m×4m，山坡丘陵地带通风透光较好，可适当密植，平原肥沃地带可适当稀植。该品种为雌先型，宜配置'西扶 1 号'和'辽宁 1 号'做授粉树，配置比例一般以 8~10:1 为宜。合理进行施肥灌水是密植丰产园高产稳产的保证。该品种树形可采用主干疏层形和自由纺锤形。幼树应及时进行刻芽和短截培养树冠，盛果期应加强结果枝组的培养和更新，扩大结果部位，防止结果部位外移。修剪时应及时疏除或改造直立的徒长枝，疏除外围密集枝及节间长的无效枝。保留充足的有效枝量，使强枝向缓势方向发展（夏季拿、拉和换头）。具体技术参考《河南林木良种》（2008）'中豫长山核桃 1 号'。

【病虫害防治】　主要病虫害有炭疽病、褐斑病、核桃举肢蛾和小吉丁虫，应加强防治。

10 ‘宁林香’核桃

学　　　名：*Juglans regia* ‘Ninglinxiang’

类　　　别：优良品种

通过类别：审定

编　　　号：豫 S-SV-JR-002-2015

证书编号：豫林审证字 401 号

选　育　者：洛阳农林科学院、中国林业科学研究院林业研究所、洛宁县林业局、洛宁县先科树木改良技术研究中心

【品种特性】　实生苗选育品种。树势强，进入结果期后树体健壮，持续结果能力强。平均单果重 14.5g，纵径 4.08cm，横径 3.81cm，侧径 3.34cm。核仁乳白色、浓香，无涩味，口感好，宜鲜食。6 年生单株干果产量 2.4～5.81kg。果实 9 月上旬成熟。

【适宜种植范围】　河南省核桃适生区。

【栽培管理技术】　栽植密度一般为 4m×5m、5m×6m。适宜的丰产树形是自然开心形或疏散分层形。该品种树势较强，幼树枝条直立，需要进行拉枝促果。修剪以疏枝和缓放为主，适当轻短截。注意防霜冻。具体技术参考《河南林木良种》(2008)‘中豫长山核桃 1 号’。

【病虫害防治】　病虫害防治以防为主，萌芽前后喷 5 度石硫合剂，生长季节交替喷杀菌剂和波尔多液 4～6 次。

11 ‘华仲 11 号’杜仲

学　　　名：*Eucommia ulmoides* ‘Huazhong No. 11’

类　　　别：优良品种

通过类别：审定

编　　　号：豫 S-SV-EU-019-2013

证书编号：豫林审证字 314 号

选　育　者：中国林业科学研究院经济林研究开发中心

【品种特性】　选育品种。该品种开花早，开花稳定性好，雄花产量、活性成分含量高，高产稳产。嫁接苗或高接换优后 2～3 年开花，4～5 年进入盛花期，单花雄蕊 86～108 个，盛花期每亩可产鲜雄花 200～300kg。雄花氨基酸含量达 21.8%，其中人体必需氨基酸含量 8.6%。雄蕊加工性能好，加工的雄花茶质量好。雄花期 2 月下旬至 4 月中旬。

【适宜种植范围】 河南省杜仲适生区。

【栽培管理技术】 作为杜仲雄花茶园，栽植密度为 1.0m×1.5m～0.5m×1.0m；杜仲雄花和杜仲叶兼用园，可以采用宽窄行三角定植，栽植密度为宽行 1.0～1.5m，窄行 0.5m，株距 0.4～1.0m 春季在盛花期采集雄花时，将开花枝留 3～8 个芽剪去；夏季 5～6 月份，在当年生枝条基部进行环剥或环割，环剥宽度 0.3～1.0cm，留 0.2～0.5cm 的营养带。每 3～5 年将开花枝组逐步回缩短截一轮。具体技术参考《河南林木良种》(2008)'华仲 6 号'。

12 '华仲 12 号'杜仲

学　　名：*Eucommia ulmoides* 'Huazhong No. 12'
类　　别：优良品种
通过类别：审定
编　　号：豫 S-SV-EU-020-2013
证书编号：豫林审证字 315 号
选 育 者：中国林业科学研究院经济林研究开发中心

【品种特性】 选育品种。该品种生长速度中等，树冠圆锥形。叶片绿原酸含量达 4.9%，具有较高的药用价值。春季萌芽后叶片逐步由浅红色变为红色或紫红色，具有极高的观赏价值。雄花期 3 月上旬至 4 月中旬。

【适宜种植范围】 河南省杜仲适生区。

【栽培管理技术】 作为城市或乡村行道树，种植株距为 3～4m；庭院、小区、公园等绿化可根据设计灵活种植，株间距 2～4m；作为观赏与雄花茶兼用，栽植密度为 2m×3m～1.0m×1.0m 幼树应促发萌条，修剪以短截为主，每年冬季将 1 年生枝条短截 1/4～1/3。6 龄以上的单株，对树冠内部萌发的徒长枝适当疏除。具体技术参考《河南林木良种》(2008)'华仲 6 号'。

13 '中梨 4 号'

学　　名：*Pyrus pyrifolia* 'Zhongli No. 4'
类　　别：优良品种
通过类别：审定
编　　号：豫 S-SV-PS-008-2013
证书编号：豫林审证字 303 号
选 育 者：中国农业科学院郑州果树研究所

【品种特性】 '早美酥'בImages七月酥'杂交品种。果实圆形；果皮底色绿色，无盖色，果面光滑无果锈，果点小而疏；果梗长度、粗度中等，梗洼浅，梗洼广度中等；萼片残存、闭合，萼洼浅、广。果实去皮硬度中等，果心圆形、中等，果实心室数目多，种子数目少，种子小，种子形状圆锥形。果肉色泽白色，质地脆、细，石细胞数量少，汁液数量中等；果实风味甘甜，果肉稍有香气。果实7月上旬成熟。

【适宜种植范围】　河南省梨适生区。

【栽培管理技术】　该品种生长势强，容易形成较大的树冠，应合理密植。幼树修剪以轻为主，夏季(5~7月)着重对直立枝、旺长枝采取拉枝、坠枝、拿枝软化等技术，使之平斜生长。在拉枝后应用抽枝宝涂抹背侧芽，促使发枝，提高成枝力。通常以纺锤形为主。进入盛果期后，要及时回缩结果枝轴，疏除一些弱的结果枝组，短截一部分当年生枝，保持中庸树势。为确保果大质优，应严格控制座果量。具体技术参考《河南林木良种》(2008)'七月酥'梨。

14　'盘古香'梨

学　　　名：*Pyrus pyrifolia* 'Panguxiang'

类　　　别：优良品种

通过类别：审定

编　　　号：豫 S-SV-PS-009-2013

证书编号：豫林审证字 304 号

选 育 者：河南农业大学

【品种特性】　选育品种。果实中等大，平均单果重 298.7g，最大单果重545g。果实形状为瓢型，平均纵径 8.2cm，平均横径 8.2cm；果面黄色，果肉白色；肉质酥脆，汁多，香气浓，石细胞中等，品质上等。可溶性固形物含量15.0%。果实9月上中旬成熟。

【适宜种植范围】　河南省梨适生区。

【栽培管理技术】　采用主干小冠树形，定干高度在 1m 左右，初果期修剪以培养树形为主，盛果期修剪以通风透光为主，注意结果枝组的培养。土壤管理以扩树盘、松土、除草、割灌、压青、施肥等措施结合，既保证树体养分需求，又充分发挥林木护土保水的生态功能。具体技术参考《河南林木良种》(2008)'七月酥'梨。

15 '早酥香'梨

学　　名：*Pyrus pyrifolia* 'Zaosuxiang'

类　　别：优良品种

通过类别：审定

编　　号：豫 S-SV-PP-009-2014

证书编号：豫林审证字 355 号

选 育 者：中国农业科学院郑州果树研究所

【品种特性】 杂交品种。果实大，平均单果重 260g，卵圆形，果面类似砀山酥梨，光滑洁净，点小而密，黄色，外形美观。果心小，果肉乳白色，肉质极酥脆，较砀山酥梨早熟 2 个月，汁液多。可溶性固形物含量 13.4%，风味甘甜，无香味，货架期 20 天，冷藏条件下可贮藏 1~2 月。果实 7 月上旬成熟。

【适宜种植范围】 河南省梨适生区。

【栽培管理技术】 生长势强，容易形成较大的树冠，应合理密植。沙荒薄地及丘陵岗地株行距以 1.5m×5m 或 3m×4m 为宜，土壤肥沃、水分充沛的地区可适当稀植，株行距为 2m×5m 或 3m×5m。为确保果大质优，应严格控制座果率。留果标准是每枝 15cm 留一个果，其余疏除，每亩大约留果 15000 个，亩产控制在 4000kg 以内。一般花后 25 天应完成此项工作。注意整形修剪和肥水管理。具体技术参考《河南林木良种》(2008)'七月酥'梨。

16 '晚秀'梨

学　　名：*Pyrus pyrifolia* 'Wansoo'

类　　别：引种驯化品种

通过类别：审定

编　　号：豫 S-ETS-PP-010-2014

证书编号：豫林审证字 356 号

引 种 者：河南省农业科学院园艺研究所

【品种特性】 韩国引进品种。果实近圆形，平均纵径 8.8cm，平均横径 10.4cm，平均单果重 440~680g。果皮厚，青褐色，套袋果皮黄色；果点中大，果面光滑；果梗直立，梗洼中狭，萼洼平滑，浅中狭，萼片大多脱落；果肉白色，肉质细，汁液多；果心中小，石细胞少。可溶性固形物含量为 12.3%~14.8%，综合品质优良。在 0℃ 条件下能贮藏至翌年 4~5 月。果实 10 月中旬成熟。

【适宜种植范围】 河南省梨适生区。

【栽培管理技术】 树势偏旺，可采用自由纺锤形或者棚架式栽培。株行距为(2~3)m×(4~5)m，有条件建议棚架栽培。该品种自花结实率低，需人工授粉或配置授粉树，授粉树的比例为4~6∶1，'圆黄''黄冠''新高'等均可作为授粉树品种。生产中常采用果间距法定果，果实间距为25~30cm。疏蕾时应去弱留强，去下留上，去密留稀，疏蕾最佳时间是花蕾分立前。疏花方法是留先开的边花，疏去中心花。疏果一般在落花后15天左右开始，越早越好。疏果按一定的果间距进行，选留适宜的果序留果，选留第2~4序位果为宜。具体技术参考《河南林木良种》(2008)'七月酥'梨。

17　'中梨2号'梨

学　　　名：*Pyrus pyrifolia* 'Zhongli No. 2'

类　　　别：优良品种

通过类别：审定

编　　　号：豫 S-SV-PP-007-2015

证书编号：豫林审证字406号

选 育 者：中国农业科学院郑州果树研究所

【品种特性】 杂交品种。果实近圆形，整齐端正。平均单果重200g，纵径6.4cm，横径6.0cm。果面黄色，果点小而稍密，萼片脱落；果肉淡黄白色，肉质细脆酥松，汁液多，石细胞少，风味纯正，甘甜具香味。总糖含量9.48%，总酸含量0.21%，Vc含量5.35mg/100g，可溶性固形物含量13.5%。较耐贮，室温下可贮藏30天左右。果实8月上旬成熟。

【适宜种植范围】 河南省梨适生区。

【栽培管理技术】 株行距宜为(1~1.5)m×(3.5~4)m，整形修剪采用细长圆柱状树形。进入盛果期后，为确保果大质优，应严格控制座果量。留果标准是每隔10cm留一个果，其余疏除，每亩大约留果20000个，亩产控制在4000kg以内，一般花后25天应完成疏果工作。幼树应于每年秋冬季扩穴并施入50~100kg/株的土杂肥，春夏季施3~5次追肥，以N为主，N、P、K结合，除注意秋施基肥外，还要注意果后补肥，采果后立即施入0.5kg/株速效N肥，以补充因结果而大量损耗的养分。具体技术参考《河南林木良种》(2008)'七月酥'梨。

18　'红宝石'梨

学　　　名： *Pyrus pyrifolia* ' Hongbaoshi'

类　　　别： 优良品种

通过类别： 审定

编　　　号： 豫 S-SV-PP-008-2015

证书编号： 豫林审证字 407 号

选 育 者： 中国农业科学院郑州果树研究所

【品种特性】　杂交品种。果实整齐端正，果皮近全红色，外观鲜艳漂亮；肉质细脆，风味纯正。可溶性固形物含量 12.7%。较耐贮藏，室温下可贮藏 30 天左右。果实 8 月中下旬成熟。

【适宜种植范围】　河南省梨适生区。

【栽培管理技术】　株行距以 1m×3.5m 或 1m×4m 为宜。土壤肥沃、水分充沛的地区可适当稀植，株行距应为 1.5m×3.5m 或 1.5m×4m。幼树可暂缓强调树形，修剪应立足于轻，通常以自由纺锤形为主。进入盛果期后，要及时回缩结果枝轴，疏除一些弱的结果枝组，短截一部分当年生枝，保持中庸树势。进入盛果期后，为确保果大质优，应严格控制座果量。留果标准是每隔 20cm 留一个果，其余疏除。幼树应于每年秋冬季扩穴并施入 50~100kg/株的土杂肥，春夏季施 3~5 次追肥，以 N 为主，N、P、K 结合，除注意秋施基肥外，还要更加注意果后补肥，采果后立即施入 0.5kg/株速效 N 肥，以补充因结果而大量损耗的养分。具体技术参考《河南林木良种》(2008)'七月酥'梨。

19　'华山'梨

学　　　名： *Pyrus pyrifolia* ' Whasan'

类　　　别： 引种驯化品种

通过类别： 审定

编　　　号： 豫 S-ETS-PP-009-2015

证书编号： 豫林审证字 408 号

引 种 者： 河南省农业科学院园艺研究所

【品种特性】　韩国引进品种。果实圆锥形；平均单果重 408g；果皮黄褐色，套袋后果皮黄色；果实无锈，果点明显；果肉白色，肉质细，松脆，汁液多，味甘甜。可溶性固形物含量 14.1%。果实 8 月底至 9 月初成熟。

【适宜种植范围】　河南省梨适生区。

【栽培管理技术】　采用省力密植形，株行距为 1m×（3.5~4）m；采用纺锤形，株行距 2m×（3~4）m。该品种幼树生长旺盛，应重视夏季修剪。人工辅助授粉目前采用人工点授、蜜蜂传粉以及液体授粉等方式辅助授粉。生产中采用果间距法确定留果量，间距为 20~25cm 留一果。疏果后，使用 10% 吡虫啉 2000 倍液或者 1.8% 为阿维菌素乳油 3500 倍液 +70% 的甲基托布津可湿性粉剂 1000 倍液喷雾，待药液干后，在 1~3 天内进行套袋，套袋时间一般在盛花后 45~60 天。在萌芽前、谢花后定果前、套袋幼果期、果实膨大等时期加强肥水管理和病虫害防治。果实大约 1/3 褐色后，可采收。具体技术参考《河南林木良种》（2008）'七月酥'梨。

20　'圆黄'梨

学　　　名： *Pyrus pyrifolia* 'Wonwhang'

类　　　别： 引种驯化品种

通过类别： 审定

编　　　号： 豫 S-ETS-PP-010-2015

证书编号： 豫林审证字 409 号

引　种　者： 河南省农业科学院园艺研究所

【品种特性】　韩国引进品种。果实扁圆形或者近圆形，果形指数 0.89；平均单果重 351.5g；果面光滑平整，果皮薄，果实淡黄色，果点小而稀，果肉纯白色细腻多汁，风味甜，石细胞极少，果心小，可食率在 95% 以上。可溶性固形物含量 12.2%~14.8%。果实 8 月中旬成熟。

【适宜种植范围】　河南省梨适生区。

【栽培管理技术】　株行距宜 2m×（3.5~4）m，整形修剪采用纺锤形，应"放下剪子，拿起绳子"，重在生长季调节，强调撑枝、拉枝，以缓和势力、打开光路，同时利用环剥、环割等技术促进早成花、早结果。人工辅助授粉采用人工点授、蜜蜂传粉、嫁接授粉枝以及液体授粉等方式辅助授粉。留果标准，果实间距为 20~25cm。在萌芽前、谢花后定果前、套袋幼果期、果实膨大等时期加强肥水管理和病虫害防治。具体技术参考《河南林木良种》（2008）'七月酥'梨。

21　'华丹'苹果

学　　　名： *Malus pumila* 'Huadan'

类　　　别： 优良品种

通过类别：审定

编　　号：豫 S-SV-MP-004-2013

证书编号：豫林审证字 299 号

选 育 者：中国农业科学院郑州果树研究所

【品种特性】'美八'ב 麦艳'杂交品种。果实近圆形、高桩；平均单果重 160g；果实底色黄白，果面鲜红色，片状着色，着色面积 60% 以上，个别果实可全面着色；果面平滑，蜡质厚，有光泽；果梗长，梗洼深，无锈，萼片宿存，直立，半开张，萼洼广，缓而浅；果肉白色，肉质中细，松脆，果实硬度 6.3kg/cm²，汁液多，风味酸甜。可溶性固形物含量 12.3%，可滴定酸含量 0.49%。果实 7 月初成熟。

【适宜种植范围】河南省苹果适生区。

【栽培管理技术】该品种适宜采用 M26 矮化中间砧或 M9 矮化自根砧，以 (1.5~2)m×(3.5~4)m 的株行距定植，细长纺锤形整形或海棠等实生砧以 (2.5~3.5)m×(4~5)m 的株行距定植，采用纺锤形整形；适宜的授粉品种有 '藤木一号''嘎拉''红露'等花期相近的品种。乔化栽培应注意及时拉枝开张角度，缓和树体生长势，减小竞争；矮化栽培应注意培养强壮的的中心干。幼树期注意疏除过多的腋花芽，减少腋花芽结果与树体生长之间的竞争；盛果期应适当疏花疏果，以增大果个。可根据成熟度分批采收。具体技术参考《河南林木良种》（2008）'短枝华冠'苹果。

22 '富华'苹果

学　　名：*Malus pumila* 'Fuhua'

类　　别：优良品种

通过类别：审定

编　　号：豫 S-SV-MP-005-2013

证书编号：豫林审证字 300 号

选 育 者：三门峡二仙坡绿色果业有限公司

【品种特性】'华冠'ב 富士'杂交品种。果实近圆柱形、高桩；平均单果重 228g；果面鲜红色条纹状，果实底色绿黄，着色面积 90% 以上，果面平滑，有蜡质，光洁，无锈，果粉少，果点小、稀、灰白色；果梗中长，平均长度 2.5cm，中粗，梗凹深、广，萼片宿存，直立、闭合，萼凹广、缓、中深；果肉黄白色，肉质细、脆，成熟时果实硬度 8.5kg/cm²，汁液多，酸甜适口。可溶性固形物含量 15%，可滴定酸含量 3.18g/kg。果实 9 月中旬成熟。

【适宜种植范围】河南省苹果适生区。

【栽培管理技术】　该品种砧木可选用海棠或矮化砧木。定植乔砧以株行距4m×4m 比较合理，矮化砧最好选用 M26，株行距 4m×3m 或 4m×2m 较为合适，树形以纺锤形和小冠疏层形为主。幼树需及时拉枝，开张角度，确保树体大枝分布合理，小枝多而不密，要加强土肥水管理，做好各种病虫害防治。具体技术参考《河南林木良种》(2008)'短枝华冠'苹果。

23　'华瑞'苹果

学　　　名：*Malus pumila* 'Huarui'

类　　　别：优良品种

通过类别：审定

编　　　号：豫 S-SV-MP-001-2014

证书编号：豫林审证字 347 号

选 育 者：中国农业科学院郑州果树研究所

【品种特性】　杂交品种。果实近圆形，平均纵径 6.7cm，横径 8.3cm；平均单果重 208g，果实中等偏大；果皮红色，色泽鲜艳，着色面积 70% 以上，个别果实可达到全面着色，果面平滑，蜡质多，有光泽，无锈；肉质细，松脆，采收时果实去皮硬度 9.7kg/cm^2，汁液多，风味酸甜适口，浓郁，芳香。可溶性固形物含量 13.2%。在室温下可贮藏 20 天，冷藏条件下可贮藏 2~3 个月。果实 7 月下旬成熟。

【适宜种植范围】　河南省苹果适生区。

【栽培管理技术】　适宜采用 M26、SH 矮化中间砧或 M9 矮化自根砧以(1.5~2)m×(3.5~4)m 的株行距定植，细长纺锤形整形或海棠等实生砧以(2.5~3.5)m×(4~5)m 的株行距定植，采由纺锤形整形；适宜的授粉品种有'嘎拉''华硕'等花期相近的品种。乔化栽培应注意及时拉枝开张角度，缓和树体生长势，减小竞争；矮化栽培应注意培养强壮的中心干。幼树期注意疏除过多的腋花芽，减少腋花芽结果与树体生长之间的竞争；盛果期也应注意适当疏花疏果，以增大果个。具体技术参考《河南林木良种》(2008)'短枝华冠'苹果。

24　'华佳'苹果

学　　　名：*Malus pumila* 'Huajia'

类　　　别：优良品种

通过类别：审定

编　　　号：豫 S-SV-MP-006-2015

证书编号：豫林审证字 405 号

选 育 者：中国农业科学院郑州果树研究所

【品种特性】　杂交品种。果实近圆形，平均纵径 6.1cm，平均横径 7.9cm；平均单果重 192g。果实底色绿白，果面鲜红色，片状着色，色泽鲜艳，着色面积 60% 以上，个别果实可达 80% 以上。果面平滑，蜡质多，有光泽；无锈，果粉中等；果点中多，灰白色。果肉白色；肉质中细，松脆，汁液中多，风味酸甜，品质中上。采收时果实去皮硬度 6.6kg/cm²。可溶性固形物含量 12.2%，可滴定酸含量 0.44%。果实 7 月上旬成熟。

【适宜种植范围】　河南省苹果适生区。

【栽培管理技术】　高肥水地块适宜采用 M26 矮化中间砧或 M9 矮化自根砧以 (1.5~2)m×(3.5~4)m 的株行距定植；肥水条件较差地块采用 SH 中间砧或海棠等实生砧，以 (2~2.5)m×(4~5)m 的株行距定植。适宜的授粉品种有'藤木一号''嘎拉''红露'等品种。若采用 M26 矮化中间砧或 M9 矮化自根砧苗木，应注意培养强壮的中心干；避免结果过早而造成干性衰弱。该品种果实前期膨大较快，栽培中应注意在萌芽前、开花后、果实膨大期及时补充氮肥。叶片易出现缺铁发黄，生长季节应注意及时叶面补充铁肥。应注意根据成熟度分批采收，防止采前落果。具体技术参考《河南林木良种》(2008)'短枝华冠'苹果。

25　'海尔特滋'树莓

学　　　名：*Rubus idaeus* 'Heritage'

类　　　别：引种驯化品种

通过类别：审定

编　　　号：豫 S-ETS-RI-025-2015

证书编号：豫林审证字 424 号

引 种 者：河南津思味农业食品发展有限公司

【品种特性】　美国引进品种。果实圆锥形；平均单果重 2.28g；成熟果实深红色，具光泽；果肉玫红色，味道酸甜可口，香味特浓，柔软多汁。果实黏核，种粒极小。果实可食率 97%，出汁率 93.55%。果实中糖、氨基酸、维生素 E、SOD、氨基丁酸等含量较高。果实 7 月中旬成熟。

【适宜种植范围】　河南省树莓适生区。

【栽培管理技术】　建园选择立地条件较好，阳光充足，地势平缓，土层深厚、疏松、有机质含量较高，土壤 pH 值 6~7，水源充足的地方。苗木栽植一般南北走向较好，带宽 90~100cm，株距 70~90cm，行距 250~300cm，每亩定植 300~320 株。栽植时可适当配置授粉品种。结果后在冬季休眠季节将结果老枝从地面处剪除，通过修剪可以维持合理的密度和株间距，一般株间距保持在35～45cm。为避免因顶端结果过重影响产量，应采取"T"形架的棚架方式架上两道铁丝进行拦扶，拦扶线位于种植行的两侧，防止结果部位过高发生倒伏现象。具体技术参考《河南林木良种（二）》（2013）'香妃'树莓。

【病虫害防治】　该品系虽然较抗病虫危害，最好是每年春季发芽前喷一遍3～5度的石硫合剂，清除落叶及杂草，7月中下旬喷一次刹虫剂，防治飞虱及其他虫害，8月中旬再喷一次杀虫杀菌剂防治病虫危害。

26　'中蟠桃 10 号'

学　　　名：*Prunus persica* 'Zhongpantao No. 10'

类　　　别：优良品种

通过类别：审定

编　　　号：豫 S-SV-PP-006-2013

证书编号：豫林审证字 301 号

选 育 者：中国农业科学院郑州果树研究所

【品种特性】　'红珊瑚' × '91-4-18' 杂交品种。果实扁平形，两半部对称，果顶稍凹入，梗洼浅，缝合线明显、浅，成熟状态一致。单果重 160g，最大单果重 180g。果皮有茸毛，底色乳白，果面 90% 以上着明亮鲜红色，呈虎皮花斑状；皮不能剥离；果肉乳白色，果实风味甜，汁液中等，纤维中等；肉质为硬溶质，耐运输，货架期长；果实黏核。可溶性固形物含量 12%。果实 7 月初成熟。

【适宜种植范围】　在满足需冷量 800 小时的地区均可露地栽培。

【栽培管理技术】　枝条粗壮，各类果枝均能结果，但以长果枝所结果实最好，冬季修剪时多留健壮的长果枝，疏除细弱的短、小果枝。座果率高，徒长性结果枝在长放的情况下可以坐果，幼树可以利用旺枝提前结果。成花容易，为保证果实质量，必须严格疏花疏果。产量很高，主枝角度应适当偏小（直），一般主枝与地面成 60° 左右延伸，以防主枝角度过大时压平或下垂，影响产量、品质，同时出现日烧果。幼树在主枝培养时，注意先放后缩，放缩结合，防止中下部衰弱光秃。延长头要多疏少截，勿大勿旺。保护地栽培时利用其需冷量相对较短的特点，可以较早升温。为提高果实品质，可以在果实成熟前 30 天，每株施 0.5kg 腐熟的饼肥，结合叶面喷施 0.3% 的硫酸钾或硝酸钾 2 次。具体技术参考《河南林木良种》（2008）'豫桃 1 号'（'红雪'桃）。

27　'中蟠桃 11 号'

学　　　名：*Prunus persica* 'Zhongpantao No. 11'

类　　　别：优良品种

通过类别：审定

编　　　号：豫 S-SV-PP-007-2013

证书编号：豫林审证字 302 号

选 育 者：中国农业科学院郑州果树研究所

【品种特性】　'红珊瑚'×91-4-18 杂交品种。果实扁平形，两半部对称，梗洼浅，缝合线明显、浅，成熟状态一致；单果重 250g，大果 300g；果皮有茸毛，底色黄，果面 60% 以上着鲜红色；皮不能剥离；果肉橙黄色，香味浓，肉质为硬溶质，耐运输；汁液多，纤维中等；实果黏核。果实可溶性固形物含量 15%。在郑州地区 7 月中下旬成熟。

【适宜种植范围】　在满足需冷量 800 小时的地区均可露地栽培。

【栽培管理技术】　枝条粗壮，各类果枝均能结果，但以长果枝所结果实最大，所以冬季修剪时，多留健壮的长果枝，疏除细弱的短、小果枝。座果率高，徒长性结果枝在长放的情况下可以坐果，所以幼树可以利用旺枝提前结果。该品种长势旺，盲节多，要严格控制树势，改善光照条件，防止树冠郁闭。果实大，为保证果实质量，必须严格疏花疏果。采用长枝修剪时，留长果枝中上部果，疏下部果。产量很高，主枝角度应适当偏小（直），一般主枝与地面成 60°左右延伸，以防主枝角度过大时压平或下垂，影响产量、品质，同时出现日烧果。具体技术参考《河南林木良种》(2008)'豫桃 1 号'（'红雪'桃）。

28　'西王母'桃

学　　　名：*Amygdalus persica* 'Xiwangmu'

类　　　别：引种驯化品种

通过类别：认定（有效期 5 年）

编　　　号：豫 R-ETS-AP-044-2013

证书编号：豫林审证字 339 号

引 种 者：南阳市林业局、南阳市林业科学研究所、南阳市豫花园实业有限公司

【品种特性】　日本引进品种。果实近圆形，果顶凹入。底色黄绿，向阳果面有鲜红晕，套袋果实乳黄色到黄白色；平均单果重 281g，最大单果重 370g；

果皮不宜剥离；硬溶质，有香气。果肉黄白色，近核处有红色素，品质极上，耐储运，自然存放 10 天左右。可溶性固形物含量达 17%，果实 9 月上中旬成熟。

【适宜种植范围】　河南省桃适生区。

【栽培管理技术】　在土、肥、水较好的平原，株行距 4m×5m 或 3m×6m；在土壤瘠薄的丘陵、山地株行距 3m×4m 或 2m×5m。春、秋两季均可栽植。在整形上要尽快成形，缩短营养生长期。一年生苗栽植后 60cm 定干，第二年萌动后 40~60cm 选择三个方位好的副梢作主枝，然后在主枝主培养 2~3 个侧枝，其余空间培养结果枝组。修剪分夏季修剪和冬季修剪。具体技术参考《河南林木良种》(2008)'豫桃 1 号'('红雪'桃)。

29 '中桃 4 号'桃

学　　　名：*Prunus persica* 'Zhongtao No. 4'

类　　　别：优良品种

通过类别：审定

编　　　号：豫 S-SV-PP-002-2014

证书编号：豫林审证字 348 号

选育　者：中国农业科学院郑州果树研究所

【品种特性】　杂交品种。果实近圆形，果顶平，缝合线浅，较对称；平均单果重 201g；果实梗注深度中等，宽度中等；果皮底色白，成熟时果面大部分着玫瑰红色，艳丽，果肉白色，硬度中等，肉质细，味甜。可溶性固形物含量 13.4%。无裂核，离核。果实 7 月上旬成熟。

【适宜种植范围】　河南省桃适生区。

【栽培管理技术】　北方及山区、丘陵或较瘠薄的土地可采用(1.5~2)m×4m 的株行距，倒"人"字形整枝，或(1.2~1.5)m×(2.5~3.0)m 株行距，主干形。按 1:1 配置授粉树，授粉品种可选择'大久保''中桃 5 号'等晚花品种。幼树期为促使尽快形成树冠，可适当补充复合肥；盛果期后，每年 9~10 月份重施有机肥；谢花后追施一次氮磷钾复合肥；成熟前 1 个月和采果后分别施一次磷钾肥。根据土壤墒情适时浇水，特别是萌芽期和硬核期，要保证充足的水分供应，同时也应避免旱涝交替。采收前 10 天以内不宜浇水，以免品质降低。花期最好辅以人工授粉，每中长果枝点授 3~4 朵花即可。视坐果情况适当疏花疏果，保持合理负载。疏果应在花后 40 天左右，大、小果区分明显时进行，疏除畸形果、病虫果和丛生果，亩产控制在 2000kg 左右，以产定果。具体技术参考《河南林木良种》(2008)'豫桃 1 号'('红雪'桃)。

【病虫害防治】　冬季清园，萌芽期喷施 5 波美度石硫合剂，开花前后各喷一次吡虫啉、氯氰菊脂防治蚜虫，5 月下旬麦收前后各喷施一次哒螨灵防治红蜘蛛。其他主要病虫害按发生规律及时防治。

30　‘中桃红玉’桃

学　　　名：*Prunus persica* ‘Zhongtaohongyu’

类　　　别：优良品种

通过类别：审定

编　　　号：豫 S-SV-PP-003-2014

证书编号：豫林审证字 349 号

选 育 者：中国农业科学院郑州果树研究所

【品种特性】　杂交品种。果实圆形，两半部对称，果顶平；单果重 169g；梗洼浅，缝合线明显、浅，成熟状态一致；果皮有茸毛，茸毛细短，底色乳白，果面全红，呈明亮鲜红色，十分美观，果实充分成熟后皮不能剥离；果肉乳白色，果实风味甜；肉质为硬溶质，耐运输，货架期长；汁液中等；纤维中等；黏核。可溶性固形物含量 12%。果实 6 月中旬成熟。

【适宜种植范围】　河南省桃适生区。

【栽培管理技术】　成花容易，座果率很高，须严格疏花疏果。疏花时将长果枝基部 10cm 左右的花蕾全部疏除，枝条上端花蕾全部疏除，留枝条下端的花蕾。疏果时先疏过密果、小果，使果实分布约 15cm 左右 1 个果。采用长枝修剪时，留长果枝中上部果，疏下部果。一般长果枝留 3 个果，中果枝留 1~2 个果，短果枝和花束状结果枝 5 个枝留 1 个果。主枝角度应适当偏小（直），一般主枝与地面成 60 度左右延伸，以防主枝角度过大时压平或下垂，影响产量、品质，同时出现日烧果。幼树在主枝培养时，注意先放后缩，放缩结合，防止中下部衰弱光秃。延长头要多疏少截，勿大勿旺。为提高果实品质，可以在果实成熟前 30 天，每株施 0.5kg 腐熟的饼肥，结合叶面喷施 0.3% 的硫酸钾或硝酸钾 2 次，需要多施有机肥，保证树势。具体技术参考《河南林木良种》（2008）‘豫桃 1 号’（‘红雪’桃）。

31　‘玉美人’桃

学　　　名：*Prunus persica* ‘Yumeiren’

类　　　别：优良品种

通过类别：审定

编　　号：豫 S-SV-PP-004-2014

证书编号：豫林审证字 350 号

选 育 者：河南农业大学

【品种特性】　杂交品种。果实椭圆形，顶端微突，缝合线浅，两侧较对称，成熟度不一致；平均单果重 130g，果高 5.8cm、宽 5.0cm、厚 5.3cm；最大单果重 205g；梗洼宽度和深度适中；果面茸毛密度适中，果皮底色乳白，成熟时着少量浅红色晕；果皮厚度适中，充分成熟时皮可剥离；果肉白色，果核周围无红色晕，果肉细嫩，风味甜，香味浓，充分成熟的果实柔软多汁，可剥皮；，果实较耐贮运，室温条件下可贮放 5～7 天，半离核。可溶性固形物含量 9.9%～13.0%。果实 6 月下旬成熟。

【适宜种植范围】　河南省桃适生区。

【栽培管理技术】　在山区、丘陵或瘠薄的土地可采用 2m×5m 或 3m×4m 的株行距，平原肥沃的土地应适当稀植，采用 2m×5m、4m×5m 或 3m×5m 的株行距，分别按 Y 字形和开心形整枝；若希望早期丰产，可采用 1m×4m 的株行距按主干形整枝。该品种结实率很高，为保证优质果率，要特别注重疏花疏果。疏花应在初花期进行，疏除基部发育差的、畸形的花蕾；复花芽留一个好的花蕾，并注意保留果枝两侧或斜下侧的花蕾；疏果应在 4 月底至 5 月初进行，疏除畸形果、病虫果、小果和多余果；短果枝留 1 个果，中果枝留 2～3 个果，长果枝留 4 个果，盛果期亩产应控制在 2500kg 以内。进入丰产期后应注意增施有机肥，以保证果实大小、果实的风味与营养品质。5 月中旬开始每 10 天喷施 0.3% 的磷酸二氢钾一次，采果前 20 天停止喷施；每年 9～10 月施入基肥。为了防止降低果实品质，保证果实的贮藏能力，果实采收前 15 天以内不宜浇水。具体技术参考《河南林木良种》(2008)'豫桃 1 号'('红雪'桃)。

32 '朱砂红 1 号'桃

学　　名：*Prunus persica* 'Zhushahong No. 1'

类　　别：优良品种

通过类别：审定

编　　号：豫 S-SV-PP-005-2014

证书编号：豫林审证字 351 号

选 育 者：南阳市林业技术推广站、南阳市林业科学研究所

【品种特性】　选育品种。果实卵圆形，果顶圆，有尖，两半部对称；果实纵径 5.42cm，横径 5.71cm，侧径 6.2cm，平均单果重 125g，最大单果重 217g；梗洼中；果肉红色似朱砂，肉质硬，熟后发绵，果实风味甜，汁液少，纤维多，

有香气，离核。可溶性固形物含量 14.0%。果实 6 月下旬成熟。

【适宜种植范围】　河南省桃适生区。

【栽培管理技术】　座果率高，进入盛果期后，必须严格疏果，合理负载，才能达到应有的果实大小和优良品质。疏果应在 4 月底 5 月初，大小果区分明显时进行。疏除畸形果、病虫果和多余果。短果枝留 1 个果，中果枝留 2~3 个果，长果枝留 4~5 个果。注意水肥管理及病虫害防治。具体技术参考《河南林木良种》（2008）'豫桃 1 号'（'红雪'桃）。

33　'朱砂红 2 号'桃

学　　　名：*Prunus persica* 'Zhushahong No. 2'

类　　　别：优良品种

通过类别：审定

编　　　号：豫 S-SV-PP-006-2014

证书编号：豫林审证字 352 号

选 育 者：南阳市林业技术推广站、南阳市林业科学研究所

【品种特性】　选育品种。果实圆形，果顶圆，有尖，两半部对称，果实纵径 6.4cm，横径 6.1cm，侧径 6.2cm，平均单果重 136g，最大单果重 225g；梗洼中；果肉红色似朱砂，肉质硬，熟后发绵，果实风味甜，汁液少，纤维多，有香气，离核。可溶性固形物含量 12%~15%。果实 6 月上中旬成熟。

【适宜种植范围】　河南省桃适生区。

【栽培管理技术】　见'朱砂红 1 号'桃。具体技术参考《河南林木良种》（2008）'豫桃 1 号'（'红雪'桃）。

34　'中桃砧 1 号'桃

学　　　名：*Prunus persica* 'Zhongtaozhen No. 1'

类　　　别：优良品种

通过类别：审定

编　　　号：豫 S-SV-PP-007-2014

证书编号：豫林审证字 353 号

选 育 者：中国农业科学院郑州果树研究所

【品种特性】　杂交砧木品种。遗传性状稳定，实生苗高度、粗度整齐一致，与桃嫁接亲和性较好。嫁接苗生长健壮，整齐一致，嫁接口愈合良好。

【适宜种植范围】　河南省桃适生区。

【栽培管理技术】 11 月上旬播种，每亩播种量 70～80kg（约 20000～25000 粒）。播种前用清水浸种 24 小时，播后注意保墒。种子发芽出土后，及时中耕除草，防治蚜虫。加强肥水管理，促进早发快长。正常管理条件下，当年 6 月初即可达到嫁接砧木要求。具体技术参考《河南林木良种》（2008）'豫桃 1 号'（'红雪'桃）。

35 '中油桃 13 号'桃

学　　　名：*Prunus persica var. nectarina* 'Zhongyoutao 13'

类　　　别：优良品种

通过类别：审定

编　　　号：豫 S-SV-PP-008-2014

证书编号：豫林审证字 354 号

选 育 者：中国农业科学院郑州果树研究所

【品种特性】 杂交品种。平均单果重 201g，最大单果重 265g；果形圆，果顶平，缝合线浅，两侧较对称；果皮底色白，成熟时果面全部着鲜红色，艳丽，果皮较厚，不宜剥离；果肉硬度中等，白色，果核处着色浅，肉质细，纤维少，味甜，黏核。果核大小中等，椭圆形，褐色，表面有点纹和沟纹，无裂核。可溶性固形物含量 13.7%。果实 6 月下旬成熟。

【适宜种植范围】 河南省桃适生区。

【栽培管理技术】 定植沟要求宽深各 80cm，回填时应适当补充秸秆、粪肥等以提高土壤有机质含量。北方及山区、丘陵或较瘠薄的土地可采用（1.5～2）m ×4m 的株行距，倒"人"字形整枝，或（1.2～1.5）m ×（2.5～3.0）m 株行距，主干形；南方及土壤条件较好的肥沃良田等可适当稀植，采用 2m ×5m 或 3m ×5m 的株行距，分别按倒"人"字形或多主枝开心形整枝。视坐果情况适当疏花疏果，保持合理负载。花后 40 天左右疏果，大、小果区分明显时进行。疏除畸形果、病虫果和丛生果，亩产控制在 2000kg 左右，以产定果。注意肥水管理和病虫害防治。具体技术参考《河南林木良种》（2008）'豫桃 1 号'（'红雪'桃）。

36 '黄金蜜桃 3 号'桃

学　　　名：*Prunus persica* 'Huangjinmitao No. 3'

类　　　别：优良品种

通过类别：审定

编　　　号：豫 S-SV-PP-011-2015

证书编号：豫林审证字410号

选 育 者：中国农业科学院郑州果树研究所

【品种特性】　杂交品种。果实圆形，果顶圆平，偶具小突尖，果基正，缝合线浅，两半部较对称，成熟度一致；梗洼深；果个大，平均单果重245g，大果400g以上；果实表面茸毛中等，底色黄，成熟时多数果面着深红色；果肉黄色，硬溶质，肉质细，汁液中多，风味浓甜，黏核，近核处有红色素。可溶性固形物含量11.8%～13.6%，总糖10.6%，总酸0.34%。果实7月底成熟。

【适宜种植范围】　河南省桃适生区。

【栽培管理技术】　淮河以北及山区干旱瘠薄地区采用行距2.5～3m（主干形）或4m（Y字形），株距1.2～1.5m，淮河以南及平原肥水充足地区采用行距4～5m（多主枝Y字形），株距1.5～2.0m；定植沟（穴）要求宽深各80cm，将原土与适量秸秆、粪肥等混匀后回填，浇透水，土壤沉实后再挖小穴定植。注意培养强健主枝，控制侧枝和结果枝组大小，加强夏剪，控上促下为原则。注意肥水管理。以产定果，建议控制产量2500～3000kg，将产量分配到树，再根据品种单果重表现确定留果数。4月底至5月初，大、小果分明时进行疏果，疏除畸形果、病虫果和多余果。病虫害多发地区建议进行套袋栽培，选用内黑或红的双层果袋。采前3～5天摘袋可促进果实转色。具体技术参考《河南林木良种》（2008）'豫桃1号'（'红雪'桃）。

【病虫害防治】　早期注意防治蚜虫、红蜘蛛，果实发育后期注意防治桃小食心虫、桃蛀螟等。

37　'中桃5号'桃

学　　　名：_Prunus persica_'Zhongtao No. 5'

类　　　别：优良品种

通过类别：审定

编　　　号：豫S-SV-PP-012-2015

证书编号：豫林审证字411号

选 育 者：中国农业科学院郑州果树研究所

【品种特性】　杂交品种。果实圆形，果顶微凹；缝合线浅而明显，两半部对称，成熟度一致。果实大，平均单果重263g，大果500g。果实表面茸毛中等，底色浅绿白，成熟时多数果面着红色，美观。果肉白色，溶质，肉质细，汁液中多，风味甜，近核处红色素中等。可溶性固形物含量12.6%～13.9%，总糖10.9%，总酸0.27%，Vc11.56mg/100g，品质优良。果核长椭圆形，黏核。果实7月下旬成熟。

【适宜种植范围】　河南省桃适生区。

【栽培管理技术】　同'黄金蜜桃 3 号'桃。

38　'中桃 22 号'桃

学　　　名：*Prunus persica* 'Zhongtao No. 22'

类　　　别：优良品种

通过类别：审定

编　　　号：豫 S-SV-PP-013-2015

证书编号：豫林审证字 412 号

选 育 者：中国农业科学院郑州果树研究所

【品种特性】　杂交品种。果实圆形，果顶圆平，缝合线浅而明显，两半部较对称，成熟度一致；果实大，平均单果重 267g，大果 430g；果实表面茸毛中等，底色乳白，成熟时 50% 以上果面着深红色，较美观；果肉白色，溶质，肉质细，汁液中等，风味甜香，近核处红色素较多，黏核。可溶性固形物含量 12.2% ~ 13.7%，总糖 11.4%，总酸 0.32%。果核长椭圆形。果实 9 月中旬成熟。

【适宜种植范围】　河南省桃适生区。

【栽培管理技术】　北方及山区、丘陵或较瘠薄的土地可采用 (1.5 ~ 2) m × 4m 的株行距，倒"人"字形整枝；南方及土壤条件较好的肥沃良田等可适当稀植，采用 2m × 5m 或 3m × 5m 的株行距，分别按倒"人"字形或多主枝开心形整枝。定植需按 1:2 的比例配置授粉品种，授粉品种可选择大久保或其他晚花桃品种。视坐果情况适当疏花疏果，保持合理负载。疏果应在 4 月底至 5 月初，大、小果区分明显时进行，疏除畸形果、病虫果和多余果，短果枝留 1 个果，中果枝留 2 ~ 3 个果，长果枝不超过 4 ~ 5 个果。套袋栽培可减少病虫危害，提高果实的商品性，采前 3 ~ 5 天摘袋，促进果实转色。具体技术参考《河南林木良种》(2008) '豫桃 1 号'('红雪'桃)。

【病虫害防治】　早期注意防治蚜虫、红蜘蛛，果实发育后期注意防治桃小食心虫、桃蛀螟等。

39　'中桃紫玉'桃

学　　　名：*Prunus persica* 'Zhongtaoziyu'

类　　　别：优良品种

通过类别：审定

编　　号：豫 S-SV-PP-014-2015

证书编号：豫林审证字 413 号

选 育 者：中国农业科学院郑州果树研究所

【品种特性】　杂交品种。果实圆形，两半部对称，果顶平，梗洼较深，缝合线浅，成熟度一致；平均单果重180g，大果200g；果皮有茸毛，茸毛短，底色乳白，果面全红，成熟期鲜红色，充分成熟时紫红色，十分美观；果肉白色，红色素多，果肉硬溶质，汁液中等，纤维中等，果实风味甜，黏核。可溶性固形物含量12%。果实6月中旬成熟。

【适宜种植范围】　河南省桃适生区。

【栽培管理技术】　枝条粗壮，各类果枝均能结果，但以长果枝所结果实最好，所以冬季修剪时，多留健壮的长果枝，疏除细弱的短、小果枝。主枝角度应适当偏小（直），一般主枝与地面成60度左右延伸，以防主枝角度过大时压平或下垂，影响产量、品质，同时出现日烧果。幼树在主枝培养时，注意先放后缩，放缩结合，防止中下部衰弱光秃。延长头要多疏少截，勿大勿旺。该品种的梗洼较深，避免在粗枝结果，以防果实近成熟时撑掉果实。为保证果实质量，必须严格疏花、疏果。疏花时将长果枝基部10cm左右的花蕾全部疏除，枝条上侧的花蕾全部疏除，留枝条下侧的花蕾。疏果时先疏过密果、小果，使果实分布约15cm左右1个果。留长果枝中上部果，疏下部果。一般长果枝留2~3个果，中果枝留1~2个果，短果枝和花束状结果枝5个枝留1个果。具体技术参考《河南林木良种》（2008）'豫桃1号'（'红雪'桃）。

40　'洛桃1号'桃

学　　名：*prunus persica* 'Luotao No. 1'

类　　别：优良品种

通过类别：认定（有效期5年）

编　　号：豫 R-SV-PP-054-2015

证书编号：豫林审证字 453 号

选 育 者：洛阳市军建农林科技有限公司、河南省林业技术推广站

【品种特性】　杂交品种。果个大，最大单果重497g，平均单果重250g。含糖量12%~18%。果实6月上旬成熟。

【适宜种植范围】　河南省桃适生区。

【栽培管理技术】　整地方式为穴状整地，初植密度4m×4m~3m×4m。立地条件好的可选择5m×6m。种植时按1:3~4的比例配置授粉树，在盛花期开展人工授粉工作，以提高座果率。注意肥水管理和病虫害防治。具体技术参考

《河南林木良种》（2008）'豫桃 1 号'（'红雪'桃）。

41　'玫香'杏

学　　　名：*Armeniaca vulgaris* 'Meixiang'

类　　　别：优良品种

通过类别：审定

编　　　号：豫 S-SV-AV-016-2013

证书编号：豫林审证字 311 号

选 育 者：中国农业科学院郑州果树研究所

【品种特性】　杂交选育。果实近圆形，纵径 5.3cm，横径 5.5cm；平均单果重 97g，最大果重 142g；果顶平，缝合线浅，两半部对称；梗洼深广；果皮橙黄色，阳面有红晕，果面有茸毛；果皮中厚，易剥离；果肉金黄，肉质细软，纤维少，多汁，酸甜适度，香味较浓。可溶性固形物含量 14.3%。果实 6 月初成熟。

【适宜种植范围】　河南省杏适生区。

【栽培管理技术】　选择土质疏松、排水良好的土壤建园。新建园以株行距 3m×3m、2.5m×3m、2m×3m 为宜。大棚栽培 1.5m×2m～1m×2m 为宜。为了提高座果率可配置'凯特''早金艳''金太阳'等品种作为授粉树。春、秋季均可栽植，冬季比较温暖的地区最好秋栽。采用主干疏散分层形或自由纺锤形进行整形修剪。为获得均匀和品质优良的大果，合理布局树体的负载量，保证连年丰产，必须进行疏花疏果。有机肥于 9 月底 10 月初施入。果实膨大期可追施果树专用肥2～3kg。在生长期土壤干旱时和施肥后应及时浇水。具体技术参考《河南林木良种》（2008）'仰韶'黄杏。

【病虫害防治】　该品种对倒春寒、褐腐病及细菌性穿孔病均有较强的抵抗能力，病虫害相对较少。首先做好病虫预防，进行综合防治。加强果园水肥管理，合理修剪，增强树势，提高树体抗病能力。药物防治病虫害要选择生物制剂和高效低度农药。

42　'济源白蜜'杏

学　　　名：*Armeniaca vulgaris* 'Jiyuanbaimi'

类　　　别：优良品种

通过类别：审定

编　　　号：豫 S-SV-AV-017-2013

证书编号：豫林审证字 312 号

选 育 者：济源市林业工作站

【品种特性】 实生选育。果实中大，扁圆形，果实纵径 5.23cm，横径 5.91cm；平均单果重 68.3g；果实黄白色，阳面微红晕，果顶平，缝合线浅，两半部不对称；梗洼浅，果柄短；果肉白色，纤维较少，汁液多，果肉味甜；离核，近核处软。可溶性固体物含量 13%。杏核短圆，核表面平滑，出仁率 30%，杏仁饱满甜香。果实 6 月初成熟。

【适宜种植范围】 河南省杏适生区。

【栽培管理技术】 山区、丘陵、平原均可栽植，土层深厚、坡度小、背风向阳、排水良好的壤土建园为好，若立地条件较差，可通过改良后建园。平原地区栽植密度 4m×5m 或 4m×4m，山地宜选用栽植密度 3m×5m。自花结实率高，用'凯特杏'作授粉树，可分行栽植或行内配置。可整形为自然圆头形、开心形、主干分层形。进入盛果期，花量较大，消耗养分较多，合理疏花疏果，可节约养分，调节生长与结果的关系，提高座果率，改善品质，保证丰产稳产。具体技术参考《河南林木良种》(2008)'仰韶'黄杏。

【病虫害防治】 主要病虫害有杏疔病(又称红肿病)、细菌性穿孔病、桃蚜。

43 '金抗'杏李

学　　名：*Prunus × Armeniaca vulgaris* 'Jinkang'

类　　别：引种驯化品种

通过类别：审定

编　　号：豫 S-ETS-PA-018-2013

证书编号：豫林审证字 313 号

引 种 者：濮阳市林业科学院

【品种特性】 美国引进品种。果面金黄色，向阳面着红晕，外观光洁艳丽；果实近圆形，纵径 5.23cm，横径 5.15cm，侧径 5.37cm；平均单果重 79.6g，最大单果重 100g；果顶稍平，缝合线浅，两半部对称；果肉橙黄色，肉质脆，粗纤维少，风味甜微酸，芳香；半离核。可溶性固形物含量 12.6%。果实 6 月上旬成熟。

【适宜种植范围】 河南省杏适生区。

【栽培管理技术】 选择土质疏松、排水良好的土壤建园。新建园株行距 2m×3m、2m×4m 为宜，每亩定植 111 株或 83 株；大棚栽植 1.5m×2m~1m×2m 为宜。该品种自花结实率极高，无须配授粉树。定植时间可在春、秋季进行，冬季比较温暖的地区最好秋栽。采用主干疏散分层形、自由纺锤形或延迟开心形整形修剪。开花量大，座果率高，疏花疏果有利于提高果品质量，降低树体的负载量，保证连年丰产。具体技术参考《河南林木良种》（2008）'风味玫瑰'杏李。

【病虫害防治】 对褐腐病及细菌性穿孔病均有较强的抵抗能力，病虫害相对较少。

44 '黄甘李1号'李

学　　　名：*Prunus salicina* 'Huangganli No. 1'

类　　　别：优良品种

通过类别：认定（有效期 5 年）

编　　　号：豫 R-SV-PS-055-2015

证书编号：豫林审证字 454 号

选育　者：济源市林业科学研究所

【品种特性】 选育品种。果实较大，近圆形，稍偏斜，缝合线深广，果实纵径 4.77cm，横径 4.94cm；平均单果重 65.4g，最大单果重 73.3g；可食率 96.5%。成熟时果皮黄色，充分成熟后阳面为樱桃红色；果顶稍平而微凹，梗洼深，果梗中长；皮薄，果粉中多，果点椭圆形，小而密集。果肉淡黄色，柔软多汁。离核，核面粗糙。果实可溶性固形物含量 13.7%，总酸 0.95%，总糖 6.78%，Vc 含量 3.97mg/100g。常温下可贮藏 4～5 天。果实 7 月中旬成熟。

【适宜种植范围】 河南省李适生区。

【栽培管理技术】 平原地区栽植密度 4m×5m 或 4m×4m，山地宜选用栽植密度 3m×（4～5）m。该品种自花结实率高可不配授粉树。树形采用自然圆头形、开心形或主干分层形。幼龄树的修剪主要是短截主枝和侧枝的延长枝，促使其发生侧枝，以剪去新梢的 1/3～2/5 为宜。盛果期修剪对主侧枝的延长枝进行较重的短截，一般树冠外围的延长枝以剪去 1/2～1/3 为宜。衰老期树的修剪主要是骨干枝的重回缩和利用徒长枝更新结果枝组。按原树体骨干枝的主从关系，先主枝、后侧枝，依次进行程度较重的回缩。大枝回缩后，对于发出的新枝应及时选留方向好的作为新的骨干枝，其余的应及时摘心，促使其发生二次枝，形成新的果枝。疏花以早为好，可结合花前复剪，剪去过多的花枝，疏花在开花初期或现蕾期进行。疏果第 1 次在花后 20 天，第 2 次在花后 30 天进行，疏去小果、病虫果、畸形果，双果的疏去 1 个，一般长果枝留果 3～4 个，中果枝留果 2～3 个，短果枝留果 1～2 个，花束状果枝留果 1 个。具体技术参考《河南林木良种》（2008）'金吉'李。

45　'红宝'樱桃

学　　名：*Prunus avium* 'Hongbao'

类　　别：优良品种

通过类别：审定

编　　号：豫 S-SV-PA-015-2015

证书编号：豫林审证字 414 号

选育者：三门峡市林业工作总站、灵宝市鼎原樱桃专业合作社

【品种特性】　芽变品种。果实阔心形，果横径 3.1cm，纵径 2.6cm；平均单果重 11.3g，最大单果重 13.8g；果柄中长中粗；果皮较厚，果个整齐；果实初熟期果面鲜红色，逐渐变为紫红色，8~10 天变为紫黑色，果面蜡质层厚，晶莹光亮有透明感；果肉紫红色，果实可食率达 94.1%。可溶性固性物含量 17.3%。果核圆形，中大，果实 5 月上旬成熟。

【适宜种植范围】　河南省樱桃适生区。

【栽培管理技术】　株行距 2.5m×3m 或 2m×4m 为宜。行间要求通风透光。自花结实率低，需配置授粉树，适宜的授粉树有'红灯''雷尼''早红宝石''抉择''先锋''胜利'品种等。该品种早果性强，1 年生枝拉平以后即可形成花芽，生产上主要采用低干矮冠、结构紧凑的改良纺锤形。为了缓和树势，促进结果，应重视夏季修剪。夏季修剪主要调节生长量、均衡树势、调整树体结构、改善通风透光条件。具体技术参考《河南林木良种(二)》(2013)'春晓'樱桃。

【病虫害防治】　病虫害较轻，注意防治根腐病、早期落叶病、细菌性穿孔病、介壳虫和红蜘蛛等，在果实采收后喷 2 次 200 倍波尔多液保护叶。

46　'嵩刺 1 号'皂荚

学　　名：*Gleditsia sinensis* 'Songci No. 1'

类　　别：优良品种

通过类别：审定

编　　号：豫 S-SV-GS-032-2014

证书编号：豫林审证字 378 号

选育者：嵩县林业局

【品种特性】　选育品种。以枝刺入药为主。枝刺粗壮，分布均匀，节间短，基部和中部枝刺略粗于小枝；1 年生枝上枝刺 30~40 个，枝刺间距 3cm，

刺长 6~10cm，直径 0.5~1.0cm；枝刺常 1~2 回分枝，分枝刺 1~8 个；枝刺 7 月份始陆续变红棕色；多年生枝上着生的枝刺多而大，刺长 10~27cm，平均每株 17 个。

【适宜种植范围】　河南省各地。

【栽培管理技术】　栽植时要截干栽植，一般保留 30cm 苗干，嫁接苗从嫁接口以上 10~20cm 处截干。生长季节不做修剪，任其生长，以利养根。落叶季节(11 月至翌年 3 月)结合采刺选取一条直立粗壮的枝条从中部饱满芽处短截后作为主干，其余所有当年生枝条全部疏除，就地或运回加工场地剪刺出售。当主干达到计划保留的干高时，冬季修剪时落头处理，不再使主干延长。这样树形一致，修剪技术简单，便于统一管理和采集皂刺，单株树占用林地面积小，有利于密植和提高单位面积产刺量。具体技术参考《河南林木良种(二)》(2013)‘密刺’皂荚。

47　‘嵩刺 2 号’皂荚

学　　　名：*Gleditsia sinensis* ‘Songci No. 2’

类　　　别：优良品种

通过类别：审定

编　　　号：豫 S-SV-GS-033-2014

证书编号：豫林审证字 379 号

选 育 者：嵩县林业局

【品种特性】　选育品种。枝刺粗长，分布均匀；1 年生枝上着生刺 40~58 个，枝刺间距仅 2.5cm，最大刺长达 16cm，直径 0.5~0.7cm；刺常 1~2 回分枝，分枝刺 2~6 个，基部和中部刺略细于枝条，枝刺生长季节浅红褐色，近成熟黄褐色，成熟时红褐色；多年生枝上着生的刺多而大，刺长 12~27cm。

【适宜种植范围】　河南省各地。

【栽培管理技术】　见‘嵩刺 1 号’皂荚。

48　‘嵩刺 3 号’皂荚

学　　　名：*Gleditsia sinensis* ‘Songci No. 3’

类　　　别：优良品种

通过类别：审定

编　　　号：豫 S-SV-GS-034-2014

证书编号：豫林审证字 380 号

选 育 者：嵩县林业局

【品种特性】　选育品种。枝刺粗长；1 年生枝上刺 30~40 个，枝刺间距 2.6~4.3cm，最大刺长达 15cm，直径 0.5~0.6cm；刺常 1~2 回分枝，分刺 1~6 个；多年生枝上着生的刺长 14~20cm，枝刺圆锥状，生长季节青绿色，且成熟晚，9~10 月份陆续变红褐色。

【适宜种植范围】　河南省各地。

【栽培管理技术】　见'嵩刺 1 号'皂荚。

49　'郑艳无核'葡萄

学　　　名：*Vitis vinifera* 'Zhengyanwuhe'

类　　　别：优良品种

通过类别：审定

编　　　号：豫 S-SV-VV-011-2013

证书编号：豫林审证字 306 号

选 育 者：中国农业科学院郑州果树研究所

【品种特性】　'京秀'בv布朗无核'杂交品种。果穗圆锥形，带副穗，无歧肩；果粒成熟一致，着生中等。果粒椭圆形，粉红色，纵径 1.62cm，横径 1.40cm，平均粒重 3.1g；果粒与果柄难分离；果粉薄，果皮无涩味；果肉中，汁中，有草莓香味；无核。可溶性固形物含量 19.9%。果实 7 月中下旬成熟。

【适宜种植范围】　河南省葡萄适生区。

【栽培管理技术】　适宜篱架和棚架栽培。篱架"高宽垂"树形，栽培适宜 1.5m×(2.5~3.0)m 的株行距；棚架龙干架式，栽培以 1.0m×(3.5~4.0)m 的株行距为宜；棚架"T"形架式，栽培以 2.0m×6.0m 的株行距为宜；棚架"H"形架式，栽培以 4.0m×6.0m 的株行距为宜。冬季修剪宜强蔓长留，弱蔓短留，一般情况下以短梢修剪为主；棚架前段长留，下部短留，同时剪除密集枝、细弱枝和病虫害枝。夏季修剪，果穗以下的副梢可以从基部除去，果穗以上的副梢留 2 叶摘心，主梢顶端的副梢留 3~5 片叶子反复摘心。因座果率偏高，结果枝可在开花后摘心，1 个结果枝上以留 1 个发育良好的花序为宜。基肥宜在 9 月底 10 月初施。追肥一般在花前 10 天左右追施速效性氮肥。果粒着色期一般不浇水，采收后结合秋季施肥灌一次透水，入冬灌一次封冻水。具体技术参考《河南林木良种》(2008)'郑州早玉'葡萄。

50 '郑美'葡萄

学　　名：*Vitis vinifera* 'Zhengmei'

类　　别：优良品种

通过类别：审定

编　　号：豫 S-SV-VV-012-2013

证书编号：豫林审证字 307 号

选 育 者：中国农业科学院郑州果树研究所

【品种特性】　'美人指'×'郑州早红'杂交品种。果穗圆锥形，带副穗，单歧肩；果粒成熟一致，果粒着生中等到极密；果粒长椭圆形，紫黑色，纵径 2.4cm，横径 1.9cm，平均粒重 5.3g；果粒与果柄中到难分离；果粉厚，果皮有涩味，皮下色素深；果肉硬度中，汁中等多，有淡玫瑰香味。可溶性固形物含量约为 15.3%。果实 7 月中下旬成熟。

【适宜种植范围】　河南省葡萄适生区。

【栽培管理技术】　适宜篱架和棚架栽培。篱架"高宽垂"树形，栽培适宜 1.5m×(2.5~3.0)m 的株行距；棚架龙干架式，栽培以 1.0m×(3.5~4.0)m 的株行距为宜；棚架"T"形架式，栽培以 2.0m×6.0m 的株行距为宜；棚架"H"形架式，栽培以 4.0m×6.0m 的株行距为宜。冬季修剪一般在秋季落叶后一月左右到翌年萌发前 20 天左右进行。根据树势强弱和结果母枝的长短，冬季修剪宜强蔓长留，弱蔓短留；棚架前段长留，下部短留。同时剪除密集枝、细弱枝和病虫害枝。夏季修剪宜将过多不必要的嫩梢尽早抹除，当新梢长至 25~30cm 时，应及时绑梢，并将卷须摘除，果穗以下的副梢可以从基部除去，果穗以上的副梢留 2 叶摘心，主梢顶端的副梢留 3~5 片叶子反复摘心。因座果率偏高，结果枝可在开花后摘心 1 个结果枝上以留 1 个发育良好的花序为宜。花后适当疏粒，减轻大小粒现象。基肥宜在 9 月底 10 月初施。追肥一般在花前 10 天左右追施速效性氮肥。施肥在距植株约 1m 处挖环状沟施入，基肥深度约 40cm，追肥宜浅施。施肥后需浇水。果粒着色期一般不浇水。采收后结合秋季施肥灌一次透水，入冬灌一次封冻水。具体技术参考《河南林木良种》(2008)'郑州早玉'葡萄。

51 '贵园'葡萄

学　　名：*Vitis vinifera* 'Guiyuan'

类　　别：优良品种

通过类别：审定

编 号：豫 S-SV-VV-013-2013

证书编号：豫林审证字 308 号

选 育 者：中国农业科学院郑州果树研究所

【品种特性】 巨峰杂种苗选育品种。果穗圆锥形，带副穗，中等大或大，果穗大小整齐；果粒着生中等紧密；果粒椭圆形，紫黑色，大，纵径 2.3cm，横径 2.2cm，平均粒重 9.2g；果粉厚，果皮较厚，韧，有涩味；果肉软，有肉囊，汁多，绿黄色，味酸甜，有草莓香味；种子与果肉易分离。可溶性固形物含量为 16% 以上。果实 7 月中下旬成熟。

【适宜种植范围】 河南省葡萄适生区。

【栽培管理技术】 适宜篱架和棚架栽培。篱架"高宽垂"树形，栽培适宜 1.5m×(2.5~3.0)m 的株行距；棚架龙干架式，栽培以 1.0m×(3.5~4.0)m 的株行距为宜；棚架"T"形架式，栽培以 2.0m×6.0m 的株行距为宜；棚架"H"形架式，栽培以 4.0m×6.0m 的株行距为宜。冬季修剪宜一般在秋季落叶后一月左右到翌年萌发前 20 天左右进行。根据树势强弱和结果母枝的长短，冬季修剪原则是：强蔓长留，弱蔓短留；棚架前段长留，下部短留。同时剪除密集枝、细弱枝和病虫害枝。夏季修剪宜将过多不必要的嫩梢尽早抹除；当新梢长至 25~30cm 时，应及时绑梢，并将卷须摘除；果穗以下的副梢可以从基部除去，果穗以上的副梢留 2 叶摘心，主梢顶端的副梢留 3~5 片叶子反复摘心。1 个结果枝上以留 1 个发育良好的花序为宜。花后适当疏粒，减轻大小粒现象。基肥宜在 9 月底 10 月初进行。追肥一般在花前 10 天左右追施速效性氮肥。施肥在距植株约 1m 处挖环状沟施入，基肥深度约 40cm，追肥宜浅施。施肥后需浇水。花前、幼果期和浆果成熟期喷 1%~3% 的过磷酸钙溶液；花期喷 0.05%~0.1% 的硼酸溶液。果粒着色期一般不浇水。具体技术参考《河南林木良种》(2008)'郑州早玉'葡萄。

52 '洛浦早生'葡萄

学 名：*Vitis vinifera* ' Luopuzaosheng'

类 别：优良品种

通过类别：审定

编 号：豫 S-SV-VV-014-2013

证书编号：豫林审证字 309 号

选 育 者：河南科技大学

【品种特性】 选育品种。果穗圆锥形，紧凑，有的带副穗，穗形中大，果粒着生紧密；果粒短椭圆形，紫红色，充分成熟时紫黑色；果粒纵径2.6cm左右，横径2.5cm左右，平均单粒重11g左右；果皮厚；肉质软，多汁，略有草莓香味；种子与果肉、果皮与果肉易分离。可溶性固形物含量14.7%左右。果实7月中下旬成熟。

【适宜种植范围】 河南省葡萄适生区。

【栽培管理技术】 栽植密度依架式而定，一般采用多主蔓自由扇面形架式整枝，株行距为(0.5~1)m×2m。苗期浇水，视土壤墒情而定，不要缺水，也可结合施肥进行浇水，水分过量易导致枝蔓旺长、节间长、髓部空、花芽分化不良。栽植当年春季抹芽，一般每株留一个壮芽，特别壮的苗留两个芽，其余全部抹除。第二年按"四留四不留"原则进行抹芽，即"留早不留晚，留肥不留瘦，留上不留下，留顺不留夹"。进入丰产期抹芽除按"留下不留上"的原则进行外，其余与栽植第二年管理相同。进入结果期的树要合理留枝，增大果粒、提高品质，适当疏穗、控制产量、合理负载。落花后用手弹果穗不落粒时可立即疏穗。整形修剪为达到早期丰产，可采取曲蔓促萌技术。具体技术参考《河南林木良种》(2008)'郑州早玉'葡萄。

【病虫害防治】 除按常规管理清园外，要按前保护、中杀菌、后保护杀菌交替使用的方案进行。

53 '峰早'葡萄

学　　名： *Vitis vinifera* 'Fengzao'

类　　别： 优良品种

通过类别： 审定

编　　号： 豫 S-SV-VV-015-2013

证书编号： 豫林审证字310号

选 育 者： 河南科技大学

【品种特性】 选育品种。果穗圆锥形，果粒着生稍疏松或紧凑，穗形中大。平均穗重500g；果粒圆形，果粒纵径2.66cm左右，横径2.50cm左右，平均单粒重9~12g；果皮紫红色，果粉厚，果皮厚；果肉较硬，有草莓香味；种子与果肉、果皮与果肉易分离。可溶性固形物含量平均15.0%左右。果实7月上旬成熟。

【适宜种植范围】 河南省葡萄适生区。

【栽培管理技术】 一般采用多主蔓自由扇面形架式整枝，株行距为(0.5~1)m×2m。施肥、浇水、抹芽定梢、花果管理、整形修剪同'洛浦早生'葡萄。具体技术参考《河南林木良种》(2008)'郑州早玉'葡萄。

【病虫害防治】　同'洛浦早生'葡萄。

54　'庆丰'葡萄

学　　名：*Vitis vinifera* 'Qingfeng'

类　　别：优良品种

通过类别：审定

编　　号：豫 S-SV-VV-016-2014

证书编号：豫林审证字 362 号

选育者：中国农业科学院郑州果树研究所

【品种特性】　杂交品种。果穗圆柱形或圆锥形，带副穗，无歧肩，平均穗长 23.0cm，穗宽 15.6cm，平均穗重 937.7g，最大穗重 1378.0g；果粒成熟一致，果粒着生极紧；平均粒重 5.7g，最大粒重 6.6g；果粒与果柄难分离；果粉薄，果皮无涩味，皮下色素中；果肉中，汁中，有草莓香味；种子充分发育，每果粒含种子 1~4 粒，多为 2 粒。可溶性固形物含量约为 17.3%。果实 7 月上中旬成熟。

【适宜种植范围】　河南省葡萄适生区。

【栽培管理技术】　适宜篱架和棚架栽培。篱架"高宽垂"树形，栽培适宜 1.5m×(2.5~3.0)m 的株行距；棚架龙干架式，栽培以 1.0m×3.5~4.0m 的株行距为宜；棚架"T"形架式，栽培以 2.0m×6.0m 的株行距为宜；棚架"H"形架式，栽培以 4.0m×6.0m 的株行距为宜。夏季修剪：果穗以下的副梢可以从基部除去，果穗以上的副梢留 2 叶摘心，主梢顶端的副梢留 3~5 片叶子反复摘心，因座果率偏高，结果枝可在开花后摘心；花序修整，1 个结果枝上以留 1 个发育良好的花序为宜。具体技术参考《河南林木良种》(2008)'郑州早玉'葡萄。

55　'阳光玫瑰'葡萄

学　　名：*Vitis vinifera* 'Bailey'

类　　别：引种驯化品种

通过类别：审定

编　　号：豫 S-ETS-VV-017-2014

证书编号：豫林审证字 363 号

引种者：河南省农业科学院园艺研究所

【品种特性】　日本引进品种。果穗圆锥形，有副穗，穗重 600g 左右，大穗可达 1800g 左右，平均果粒重 6~10g；果粒与果柄较易分离；果皮略有涩味；果粒着生松散；果粒椭圆形，黄绿色，果面有光泽，果粉少；果肉鲜脆多汁，有玫瑰香味。可溶性固形物含量 20% 左右，最高可达 26%，鲜食品质极优；有种子。果实 8 月下旬成熟。

【适宜种植范围】　河南省葡萄适生区。

【栽培管理技术】　适宜多种架势栽培。篱架"高宽垂"树形，栽培适宜 1.5m×3.0m 的株行距；棚架龙干架式，栽培以 1.5m×4.0m 的株行距为宜；棚架"T"形架式，栽培以 2.0m×6.0m 的株行距为宜；棚架"H"形架式，栽培以 4.0m×6.0m 的株行距为宜。夏季修剪抹芽分两次进行，一次在芽长至 5cm 时进行，选留壮芽，抹去弱、双芽、三生芽和位置不当的芽。第二次于新梢长至 15cm 左右，能分清花序质量时结合疏花序进行。结果枝与营养枝比例为 3:1。根据目标产量决定留梢量，一般每公顷定梢 3500 条。具体技术参考《河南林木良种》(2008) '郑州早玉' 葡萄。

56　'朝霞无核' 葡萄

学　　　名：*Vitis vinifera* 'Zhaoxiawuhe'

类　　　别：优良品种

通过类别：审定

编　　　号：豫 S-SV-VV-018-2014

证书编号：豫林审证字 364 号

选 育 者：焦作市农林科学研究院

【品种特性】　杂交品种。果穗分枝形，无副穗，无歧肩，穗长 15.0~22.3cm，穗宽 12.0~14.5cm，平均穗重 580.0g，最大穗重 1120.9g；果粒成熟一致，但着色不一致；果粒着生中度紧密；果粉薄，果皮略有涩味；果粒圆形，粉红色，平均粒重 2.28g；果粒与果柄较易分离，果肉硬度中等，汁中，有淡草莓香味；无种子。可溶性固形物含量约为 16.9%。果实 7 月中旬成熟。

【适宜种植范围】　河南省葡萄适生区。

【栽培管理技术】　适宜篱架和棚架栽培。篱架"高宽垂"树形，栽培适宜 1.5m×(2.5~3.0)m 的株行距；棚架龙干架式，栽培以 1.0m×(3.5~4.0)m 的株行距为宜；棚架"T"形架式，栽培以 2.0m×6.0m 的株行距为宜；棚架"H"形架式，栽培以 4.0m×6.0m 的株行距为宜。冬季修剪一般在秋季落叶后一月左右到翌年萌发前 20 天左右进行，中原地区以元旦前后修剪为宜。根据树势强弱和结果母枝的长短，冬季修剪原则是强蔓长留，弱蔓短留，一般情况下以短梢修剪为主；棚架前段长留，下部短留。同时剪除密集枝、细弱枝和病虫害枝。

夏季修剪：结果枝各节副梢采取抹光法，主梢顶端的副梢留 3 ~ 5 片叶子反复摘心。因座果率偏高，结果枝可在开花后摘心；花序、果穗的修整：1 个结果枝上以留 1 个发育良好的花序为宜。具体技术参考《河南林木良种》（2008）'郑州早玉'葡萄。

57 '郑寒 1 号'葡萄

学　　名：*Vitis vinifera* 'Zhenghan No. 1'

类　　别：优良品种

通过类别：审定

编　　号：豫 S-SV-VV-016-2015

证书编号：豫林审证字 415 号

选 育 者：中国农业科学院郑州果树研究所

【品种特性】 杂交品种。用作砧木。与我国主栽葡萄品种嫁接亲和性好。抗寒。易繁殖、产条量高。

【适宜种植范围】 河南省葡萄适生区。

【栽培管理技术】 在瘠薄地建采条园，可采用 2.0m×2.5m 的株行距，肥沃良田建园，可采用 2.2m×3.0m 的株行距。砧木品种与栽培品种不同，不以追求果实经济产量为目的，主要获得高产、质好的枝条，架式宜采用单臂篱架，头状树形。为增加产条量和枝条成熟度，应在每年的 10 月份施基肥（每亩4000kg 有机肥）。为促进养分回流，增加枝条成熟度，减少用工量，枝条应在叶片自然脱落后进行采收。具体技术参考《河南林木良种》（2008）'郑州早玉'葡萄。

58 '郑葡 1 号'葡萄

学　　名：*Vitis vinifera* 'Zhengpu No. 1'

类　　别：优良品种

通过类别：审定

编　　号：豫 S-SV-VV-017-2015

证书编号：豫林审证字 416 号

选 育 者：中国农业科学院郑州果树研究所

【品种特性】 杂交品种。果穗圆柱形，穗长 20.0 ~ 25.0cm，穗宽 12.0 ~ 15.0cm，平均穗重 685.0g，最大穗重 1000.0g；果粒着生极紧，成熟及着色一致；果粒近圆形，红色，纵径 2.65cm，横径 2.6cm，平均粒重 10.3g；果粒与果柄较难分离；果粉中等厚，果皮无涩味，皮下色素中；果肉较脆，硬度中，无香味；种子充分发育，每果粒含种子2~4粒，多为2粒。可溶性固形物含量17.0%。果实8月上中旬成熟。

【适宜种植范围】　河南省葡萄适生区。

【栽培管理技术】　种植方式篱架、棚架均可。篱架"高宽垂"树形，栽培适宜1.5m×(2.5~3.0)m的株行距；棚架龙干架式，栽培以1.0m×(3.5~4.0)m的株行距为宜。冬季修剪一般在秋季落叶后一月左右到翌年萌发前20天进行，中原地区以元旦前后修剪为宜。冬季修剪原则是：强蔓长留，弱蔓短留，一般情况下以中、短梢修剪为主；棚架前段长留，下部短留。同时剪除密集枝、细弱枝和病虫害枝。夏季修剪果穗以下的副梢可以从基部除去，果穗以上的副梢留2叶摘心，因座果率偏高，结果枝可在开花后摘心；一个结果枝上留1个发育良好的花序为宜。加强肥水管理。具体技术参考《河南林木良种》(2008)'郑州早玉'葡萄。

59　'郑葡2号'葡萄

学　　　名：*Vitis vinifera* 'Zhengpu No. 2'

类　　　别：优良品种

通过类别：审定

编　　　号：豫S-SV-VV-018-2015

证书编号：豫林审证字417号

选育者：中国农业科学院郑州果树研究所

【品种特性】　杂交品种。果穗圆锥形，双歧肩，有副穗，穗长16.0~23.0cm，穗宽12.0~18.0cm，平均穗重918g，最大穗重1260.0g，属于大穗大粒品种。果粒着生紧密，成熟、着色一致；果粒圆形，紫黑色，纵径2.7cm，横径2.7cm，平均粒重12.0g；果粒与果柄较难分离；果粉中等厚，果皮微涩味；果肉较脆，无香味；每果粒含种子2~5粒，多为3粒。可溶性固形物含量17.0%。果实8月上中旬成熟。

【适宜种植范围】　河南省葡萄适生区。

【栽培管理技术】　同'郑葡1号'葡萄。

60　'红美'葡萄

学　　　名：*Vitis vinifera* 'Hongmei'

类　　　别：优良品种

通过类别：审定

编　　号：豫 S-SV-VV-019-2015

证书编号：豫林审证字 418 号

选 育 者：中国农业科学院郑州果树研究所

【品种特性】　杂交品种。果穗圆锥形，带副穗，无歧肩，穗长 14.0～20.0cm，穗宽13.0～14.7cm，平均穗重 527.8g，最大穗重 601.1g；果粒成熟一致，果粒着生紧；果粒长椭圆，紫红色，纵径2.84cm，横径 1.90cm，平均粒重6.7g；果粒与果柄难分离；果粉中，果皮微涩味；果肉中，汁中，有弱玫瑰香味；种子充分发育，每果粒含种子2～3 粒，多为 2 粒。可溶性固形物含量约19.0％。果实 8 月下旬成熟。

【适宜种植范围】　河南省葡萄适生区。

【栽培管理技术】　种植方式适宜篱架、"T"形架和小棚架栽培。双十字架，单干水平树形栽培适宜 1.5m×（2.5～3.0）m 的株行距；小棚架，独龙干树形栽培以 1.0m×（3.5～4.0）m 的株行距为宜。冬季修剪一般在秋季落叶后一月左右到翌年萌发前20 天进行，中原地区以元旦前后修剪为宜。宜中短梢修剪。夏季修剪将过多不必要的嫩梢尽早抹除；当新梢长至30cm 后，应及时绑梢，摘除卷须，果穗以下的副梢从基部除去，果穗以上的副梢留单叶摘心。因座果率偏高，结果枝开花后摘心。一个结果枝留 1 个发育良好的花序为宜，花后适当疏粒，保持穗形美观。注意肥水管理。具体技术参考《河南林木良种》（2008）'郑州早玉'葡萄。

61　'神州红'葡萄

学　　名：*Vitis vinifera* 'Shenzhouhong'

类　　别：优良品种

通过类别：审定

编　　号：豫 S-SV-VV-020-2015

证书编号：豫林审证字 419 号

选 育 者：中国农业科学院郑州果树研究所

【品种特性】　杂交品种。果穗圆锥形，无副穗，果穗大，穗长 15～25cm，宽10～13cm；平均单穗重870g，最大可达 1500g 以上；果粒着生中等密集，果穗大小整齐；果粒长椭圆形，纵径1.8～2.3cm，横径 1.3～1.5cm；平均单粒重8.9g，最大可达 13.4g；果粉中等厚，鲜红色，着色、成熟一致，果皮无涩味，肉脆，硬度大，无肉囊，果汁无色，汁液中等多，风味甜香，具有别致的复合香型；果梗短，抗拉力强，不脱粒，不裂果。可溶性固形物含量18.6％，总糖

15.98%，总酸0.29%，糖酸比达到55:1，单宁含量718mg/kg。果实8月中下旬成熟。

【适宜种植范围】 河南省葡萄适生区。

【栽培管理技术】 选择土壤肥力及排水条件良好的地方建园。篱架式栽培株行距2m×1m；小棚架4m×1m；高宽垂架式3m×1.5m。该品种抗病力中等，要注意防止后期的霜霉病危害。进入盛果期后，要注意配方施肥，前期为N:P:K=1.2:1:1，后期为N:P:K=1:1:1.5，以利于果实品质的提高，施肥以有机肥为主。该品种冬芽易萌发，夏季注意修剪，合理控制负载：一般每个结果枝上留一穗果，亩产量控制在2000kg左右。具体技术参考《河南林木良种》（2008）'郑州早玉'葡萄。

62 '水晶红'葡萄

学　　名： *Vitis vinifera* 'Shuijinghong'

类　　别： 优良品种

通过类别： 审定

编　　号： 豫S-SV-VV-021-2015

证书编号： 豫林审证字420号

选 育 者： 中国农业科学院郑州果树研究所

【品种特性】 杂交品种。果穗圆锥形，无副穗；果穗大，穗长18～23cm，宽15～18cm，平均单穗重850g，最大可达1200g以上；果粒着生中等紧密，果穗大小整齐；果粒大，纵径2.9～3.3cm，横径1.5～1.7cm，尖卵形，鲜红色，着色、成熟一致。平均单粒重8.3g，最大可达10.1g，果粒整齐，皮薄，果粉中等厚，肉较脆，细腻，无肉囊，果汁无色，汁液中等多，果皮无涩味，果梗中长，抗拉力强，不脱粒，不裂果。可溶性固形物含量15.4%，总糖13.20%，可滴定酸为0.28%，糖酸比达到47:1，单宁含量为644mg/kg，Vc含量为6.87mg/kg。果实9月中旬成熟。

【适宜种植范围】 河南省葡萄适生区。

【栽培管理技术】 选择土壤肥力及排水条件良好的地方建园；篱架式栽培株行距为2m×1m；小棚架4m×1m；高宽垂架式3m×1.5m。该品种抗病力中等，要注意防止后期的霜霉病危害。进入盛果期后，要注意配方施肥，前期为：N:P:K=1.2:1:1，后期为：N:P:K=1:1:1.5，以利于果实品质的提高，施肥以有机肥为主。该品种冬芽易萌发，夏季注意修剪，合理控制负载一般每个结果枝上留一穗果，亩产量控制在1500kg左右。具体技术参考《河南林木良种》（2008）'郑州早玉'葡萄。

63　'金手指'葡萄

学　　　名：*Vitis vinifera* 'Goldfinger'

类　　　别：引种驯化品种

通过类别：审定

编　　　号：豫 S-ETS-VV-022-2015

证书编号：豫林审证字 421 号

引 种 者：河南省农业科学院园艺研究所

【品种特性】　日本引进品种。果穗圆锥形，带副穗，平均穗重 300～500g，最大穗可达 800g；果粒着生松紧适度。果粒似手指状，中间粗两头细，粒重 6～7g，含种子 1～3 粒；果皮薄，黄绿色，完熟后果皮呈金黄色，十分诱人；果肉较脆，有浓郁的冰糖味和牛奶味，汁中多。一般黄绿色果实可溶性固形物含量 17%～18%；金黄色果实可溶性固形物含量在 20% 以上；最高可达 25%。果实 8 月中旬成熟。

【适宜种植范围】　河南省葡萄适生区。

【栽培管理技术】　宜选用缓和树势，有利于花芽分化的架式，如小棚架、水平棚架、V 形水平架、高宽垂等。单臂篱架不宜选用。高宽垂架式，种植密度为 1.5m×3m。冬季修剪以中梢修剪为主，多年生树修剪时，主蔓基部需留更新枝，以防结果部位外移。一般每亩留芽 6000～7000 个左右，定梢 3000～3500 条。夏季抹芽分两次进行，一次于萌芽后立即开始，第二次于新梢长至 15cm 左右时结合定梢进行。定好梢后及时引缚，于花前结束，为开花授粉创造条件。见花后于花序以上留 2 片叶摘心，并及时处理副梢，所有副梢留 1～2 片叶摘心，顶端留 1～2 个副梢，留 3～4 片叶反复摘心。注意肥水管理。具体技术参考《河南林木良种》（2008）'郑州早玉'葡萄。

64　'夏黑'葡萄

学　　　名：*Vitis vinifera* 'Summerblack'

类　　　别：引种驯化品种

通过类别：审定

编　　　号：豫 S-ETS-VV-023-2015

证书编号：豫林审证字 422 号

引 种 者：河南省农业科学院园艺研究所

【品种特性】　日本引进品种。果穗圆锥形或有歧肩，果穗大，平均穗重

420g 左右；果穗大小整齐，果粒着生紧密；果粒近圆形；果皮紫黑色，果粉厚，果皮厚而脆，果实容易着色且上色一致，成熟一致；果肉硬脆，无肉囊，果汁紫红色，有较浓的草莓香味。可溶性固形物含量 20%。果实 7 月底成熟。

【适宜种植范围】 河南省葡萄适生区。

【栽培管理技术】 种植方式采用高架式。适当稀植，株行距 4m×3m。冬季修剪主要以短梢修剪为主，每亩留芽 6000 个，剪截时，在剪口芽以上留 2～3cm 的保护桩，根据结果部位、枝条成熟度，灵活掌握单枝更新法、双枝更新法对树体进行短截、回缩。夏季抹芽至少分两次进行，一次在刚刚萌芽后，选留中庸芽，抹去弱芽、双芽、三生芽。第二次于新梢长至 15cm 左右，能分清花序质量时结合疏花序进行。该品种叶片肥厚，光合同化能力较强，肥料利用率高，氮肥用量为多数品种的 50%～70%，适当增加钾肥施入量。具体技术参考《河南林木良种》(2008)'郑州早玉'葡萄。

65 '黑巴拉多'葡萄

学　　名：*Vitis vinifera* 'Kurobaladi'

类　　别：引种驯化品种

通过类别：审定

编　　号：豫 S-ETS-VV-024-2015

证书编号：豫林审证字 423 号

引　种　者：洛阳农林科学院

【品种特性】 日本引进品种。果穗圆锥形，果粒着生紧密，平均穗重 500g 左右；果粒椭圆形，平均单粒重 8～12g，成熟早，成熟期一致；果粒紫红色到紫黑色，耐贮运；果柄耐拉力强；果肉脆，略带玫瑰香气。含糖量 20%～23%。果实 7 月中下旬成熟。

【适宜种植范围】 河南省葡萄适生区。

【栽培管理技术】 避雨栽培主要采用双"十"字架，一行葡萄一个棚。11 月中旬至 12 月中旬栽植，如果栽植成熟度不好或较细弱的嫁接苗冬季封土防寒。春季栽植时间在 3 月上中旬。整形修剪主蔓高度 80cm 摘心，摘心后留两个做为主蔓，主蔓上发出的副梢枝间距 17～20cm，留 4～5 片叶摘心，其上再发副梢 4 叶摘心。第一年冬季修剪主蔓上发出的副梢全部从基部剪去，不足 0.7cm 的主蔓剪去。花前一周结合疏花序整形，剪去副穗，疏除小穗、病穗，疏果精粒在落果结束后进行。坐果后疏除病粒、畸形粒、小粒、过密粒，确保穗粒整齐一致。一般每穗保留 60～70 粒。每亩定穗 2000 穗左右，产量控制在 1000kg 以内。果穗套袋，以提高品质。加强肥水管理和病虫害防治。具体技术参考《河南林木良种》(2008)'郑州早玉'葡萄。

66　'中猕 2 号'美味猕猴桃

学　　　名：*Actinidia deliciosa* 'Zhongmi No. 2'

类　　　别：优良品种

通过类别：审定

编　　　号：豫 S-SV-AD-019-2014

证书编号：豫林审证字 365 号

选　育　者：中国农业科学院郑州果树研究所

【品种特性】　杂交品种。果实圆柱形或短圆形；果面均匀分布黄色硬毛，硬毛脱落较难；果喙端形状浅凹，果肩形状为方，皮孔大小为中等；平均单果重90g，最大单果重145g；果实与果柄难分离。果实外层果肉和内层果肉均为翠绿色，果实横截面形状椭圆形；果心形状不规则，颜色为黄绿。可溶性固形物含量为15%~17.5%。果实 9 月中下旬成熟。

【适宜种植范围】　河南省猕猴桃适生区。

【栽培管理技术】　大棚架、'T'形架整形较好；修剪以夏季修剪为主，冬季修剪为辅；0.5cm 粗以上枝蔓结果较好，小于 0.5cm 粗的结果较差。具体技术参考《河南林木良种》(2008)'豫猕猴桃 1 号'('华美 1 号')。

67　'豫济'山桐子

学　　　名：*Idesia polycarpa* 'Yuji'

类　　　别：优良品种

通过类别：认定(有效期 5 年)

编　　　号：豫 R-SV-IP-045-2013

证书编号：豫林审证字 340 号

选　育　者：河南农业大学、河南省林业技术推广站

【品种特性】　选育品种。树干通直，树冠呈自然分层形，干形优美，果色鲜艳，早实，结实量大，果实含油率36.66%。具有较强的抗旱、抗寒、抗病等特征。果实 10 月份成熟。

【适宜种植范围】　河南省山桐子适生区。

【栽培管理技术】　山桐子是中性耐阴树种，喜光，幼树较耐半阴，喜温和湿润的气候，也较耐寒，耐旱，对土壤要求不严，但在土层深厚、肥沃、湿润的沙质壤土中生长良好。

1. 苗木培育

(1)播种育苗 山桐子主要采用播种育苗。

• 采种、种实调制与贮藏：选取 15～30 年生的雌株为采种母树。于 10～11 月果实变为深红色时即可采收。采种时剪下果穗，捋下浆果，在室内堆放 1～2 天，待充分软熟后置水中搓洗，淘去果皮肉等杂质。淘洗净种时，要用细孔容器，以免种子漏失。净种后再浸入新鲜草木灰水中 1～2 小时，擦去种子外层的蜡质，晾干。混湿沙贮藏或袋装干藏，或用自封袋密封后置于 5℃ 低温贮存。种子千粒重约为 2.3g。

• 整地作床：3 月上旬开始整地，育苗地要求土质疏松、透气性好；要求有一定的排灌条件，地下水位 3m～5m 以下，雨季不积水。做到土块破碎，圃地平整。开好沟系，保证排灌畅通。每亩施用腐熟饼肥 150kg 作基肥。作床时以南北向为好，床宽 100～120cm，床高 25cm，长度视地长而定。

• 播种：播种期以春播为主。一般应在 3 月下旬至 4 月上、中旬进行。播种一般采用条播。播种前用硫酸亚铁 15～20g/m^2 或 3‰～5‰ 高锰酸钾溶液进行苗床土壤消毒。混湿沙贮藏的种子取出后可直接播种，袋装干藏的种子应用 40℃ 左右的温水浸泡 24 小时后，滤干再播。因山桐子的种子小，故播种时，应将种子与细土拌均后再播。播种一般采用条播，条距 30cm 左右，播种沟深 3cm，上覆细沙土 1.5～2cm，再覆盖稻草或地膜。播种量为每亩 1～1.5kg。

• 播后管理：播后 20 天左右即有种子发芽出土，此时要保持床面湿润，如连续天晴，床面干旱板结，不利于种子发芽出土，应及时喷水。

(2)根插育苗 插根选择 2～6 年生的苗木根系，粗 0.3～2.8cm，剪制成长 6～12cm 的插穗，然后用 IBA100mg/L 浸泡 3～4 小时。扦插株行距为 10cm × 10cm，插完后撒厚 1cm 左右的碎土，以利于浇水后将插条基部空隙填实，使插穗与土壤密接。

(3)容器育苗 营养钵规格：30cm×28cm。营养土配置：蛭石：草炭土：河沙 = 1:1:1。山桐子种子细小，很容易播种不均。经过不断摸索，采用"二指禅"点穴播种，节约种子，播种出苗均匀。具体做法是：用食指与中指在营养钵东南西北 4 个方向及正中间点穴，穴深 1.5cm，每穴播入 1～2 粒种子，而后覆土。半月以后开始出苗。

(4)苗期管理

• 间苗、定株：幼苗高生长到 4cm 或长出 4 片真叶时要分批及时间苗、移植及定苗。营养钵一般 3～6 株，育苗盘一般每穴 1～2 株；大田间距 5cm 以上。

• 除草：山桐子幼苗前期生长缓慢，如果除草不及时，幼苗多数因杂草旺盛，导致死亡。生长季节根据苗圃地杂草情况，及时采用人工方法清除杂草，除草要坚持"除早、除小、除了"的原则，若杂草生长旺盛，根系发达时再给予清除，很容易导致杂草根携带出幼苗，导致幼苗死亡。每 10 天左右除 1 次，进入雨季，除草更要及时，否则杂草 1~3 天即可成灾。

● 施肥：4~6 月对当年播种苗用浓度为 0.3% 的尿素进行叶面喷肥，每周一次；6~8 月连续追肥 2~3 次；大田前两次各追施尿素每亩 2.5kg，第三次追施氮磷钾复合肥每公顷 50kg；营养钵及育苗盘根据实际情况而定，一般每营养钵施肥或每育苗盘施肥 15~25g 左右，壮苗效果明显。

● 灌溉与排涝：容器育苗前期需水量较大，尤其是北方地区，春季气候干燥少雨，很容易导致空气与土壤双重干旱致种子不发芽或幼苗死亡。容器育苗视天气情况，一般每天雾状喷水 3 次以上。

大田播种后当土壤明显缺水或苗木中午出现轻度萎蔫后，就要适时灌溉。灌溉要在早晨、傍晚或阴天进行；灌溉后要确保半天内地表水下渗。雨季做到地表不积水，夏季雨后及时排水。苗木停止生长前 1 个月，应停止浇水、施肥，防止徒长，提高木质化程度；北方苗圃 11 月份灌 1 次越冬水。

● 遮荫：幼苗初期组织幼嫩，往往不能忍受地面高温灼热，夏季容易发生日灼，会造成幼苗死亡，需要采取降温措施。一般采用黑色遮阳网、搭设遮荫棚遮阳，高度一般距床面 40~50cm。遮荫期一般从 4 月开始，8 月结束。

2. 能源林营造

（1）造林地的选择　‘豫济’山桐子抗性强、耐瘠薄，造林地可以选择荒山荒地、四旁闲散地等。

（2）整地　可进行全面整地和局部整地，土层深厚、石砾含量少的地方，可以直接挖穴栽植，山地石砾含量多的地方，应进行鱼鳞坑整地，整地规格为 50cm×50cm×50cm。

（3）植苗造林　造林在春季萌芽前进行，采用植苗造林。一般情况下可带干造林，干旱季节或立地条件较差的地区应截干造林。苗木规格为 1~2 年生一、二级苗。密植丰产园株行距为 3m×4m。将表土回填穴内二分之一深，踩实，植于苗木，继续回填表土至地表，轻轻上提并抖动苗木，踩实；灌水；下渗后回填，培土堆，或覆盖地膜；干旱季节要在造林后连续浇水 1~2 次，间隔 1 周。

3. 幼林抚育管理

‘豫济’山桐子树冠自然开张，通风透光性能好；作为园林绿化树种，一般不需特别整形，但若为后期采摘果实方便及保证产量，可定干 6m 左右，同时要注意常规林地管理。

【病虫害防治】　幼苗期叶斑病发生后及时剪除病叶烧毁，5、6 月份每隔 10~15 天喷 1% 波尔多液或 80% 代森锌可湿性粉剂 700 倍液防治。防治根腐病，应及时开沟排水，发病时施石灰或喷 1% 波尔多液防治。

68　'绿丰'石榴

学　　　名：*Punica granatum* 'Lvfeng'

类　　　别：优良品种

通过类别：审定

编　　　号：豫 S-SV-PG-010-2013

证书编号：豫林审证字 305 号

选 育 者：开封市农林科学研究院

【品种特性】　豫石榴 2 号×豫石榴 3 号杂交品种。果实球形，果皮薄，底色青绿，全面着红晕，光滑洁亮无锈斑，质地致密。心室 9～12 个，籽粒玛瑙色，籽核硬。平均单果重 474.6g，最大单果重 785g，百粒重 54.5g。可溶性固形物 17.1%。出籽率 60.2%，出汁率 81%。果实 10 月中旬成熟。

【适宜种植范围】　河南省石榴适生区。

【栽培管理技术】　栽植时间为 3 月上中旬，栽植密度根据各地的土壤肥力和管理水平不同，采用 2m×3m、2m×4m 和 3m×4m 等多种形式。秋季树体落叶前后，每株施腐熟的优质农家肥 20～50kg，在果实膨大期的 6 月上中旬每株施氮磷复合肥 0.5～1.0kg，8 月中、下旬每株施钾肥 0.5～1.0kg，以促进果实着色，果实生长期可结合病虫害防治叶面喷施 0.2%～0.3% 的尿素液 2～3 次。注意适时浇水，但在盛花期和果实成熟前 10 天一般不浇水，雨季注意及时排涝。整形成单干疏散分层形或单干自然圆头形。具体技术参考《河南林木良种》(2008)'突尼斯软籽'石榴。

【病虫害防治】　主要害虫有绿盲蝽、桃蛀螟和茎窗蛾，主要病害是干腐病，注意适时防治。

69　'伏牛红硕'山茱萸

学　　　名：*Cornus officinalis* 'Funiuhongshuo'

类　　　别：优良品种

通过类别：审定

编　　　号：豫 S-SV-CO-023-2013

证书编号：豫林审证字 318 号

选 育 者：河南农业大学

【品种特性】　选育品种。树势中庸，物候期与'石磙枣'大致相同。果个大，百果重 178g，果实纵径 21.2mm，横径 11.2mm。出肉率 83.27%；出药率

23.15%。适应性和抗逆性强，丰产性、早产性和稳产性表现较好。

【适宜种植范围】　河南省山茱萸分布区。

【栽培管理技术】　采用自然开心树形，定干高度在 1m 左右，初果期修剪以培养树形为主，盛果期修剪以通风透光为主，注意结果枝组的培养。土壤管理以扩树盘、松土、除草、割灌、压青、施肥等措施结合，既保证树体养分需求，又充分发挥林木护土保水的生态功能。具体技术参考《河南林木良种》（2008）'八月红'山茱萸。

70　'伏牛红丹'山茱萸

学　　　名：*Cornus officinalis* 'Funiuhongdan'

类　　　别：优良品种

通过类别：审定

编　　　号：豫 S-SV-CO-026-2015

证书编号：豫林审证字 425 号

选 育 者：河南农业大学

【品种特性】　选育品种。果个大，百果重 109.2g，果实纵径 1.73cm，横径 1.14cm。每百克干果肉含山茱萸多糖 4.93g，果实可溶性固形物含量 13.63%。出肉率 84.69%；出药率 24.17%。适应性和抗逆性强，丰产性、早产性和稳产性表现好。果实成熟期为 9 月下旬至 10 月上旬。

【适宜种植范围】　河南省山茱萸分布区。

【栽培管理技术】　见'伏牛红硕'山茱萸。

71　'中柿 1 号'柿

学　　　名：*Diospyros kaki* 'Zhongshi No. 1'

类　　　别：优良品种

通过类别：审定

编　　　号：豫 S-SV-DK-011-2014

证书编号：豫林审证字 357 号

选 育 者：中国林业科学研究院经济林研究开发中心

【品种特性】　芽变品种。果实含糖量平均为 24.29mg/g，早实、早熟、高产、稳产。嫁接栽植后 2～3 年开始结果，4～5 年进入盛果期。果实 9 月中旬成熟。

【适宜种植范围】　河南省柿树适生区。

【栽培管理技术】　树形以疏散分层形或纺锤形为宜。采用疏散分层形，要保留主干，从地面到第一层的主干约50cm，每层等角度保留3个主枝，各层间距50~80cm，每株树保留2~3层。纺锤形主干约50cm，下部主枝修剪到30~50cm，中部主枝修剪到1~1.5m，上部主枝修剪到30~50cm，整株树呈纺锤形。盛果期树修剪时，按照去密留稀、去老留新、去直留斜、去远留近、去弱留强的原则进行修剪。修剪时短截各级延长枝顶端及生长中庸的发育枝，扩大树冠，培养健壮的结果枝组。从基部疏去连续3年结果的结果枝，让剪口重新萌发新枝结果，同时回缩结过果的细长枝、交叉枝，使结实部位尽可能靠近骨干枝。及时更新复壮结果枝组，防止结果枝组早衰。保留生长中庸的发育枝，疏除过密枝、重叠枝、细弱枝、穿膛枝、竞争枝、并行枝及树膛内的徒长枝，稳定树势，延长盛果期年限。从现蕾期到末花期，剪去不必要的枝叶和花，减少营养消耗，提高座果率和果实品质。具体技术参考《河南林木良种》（2008）'十月'红柿。

72　'早甘红'柿

学　　　名： *Diospyros kaki* 'Zaoganhong'

类　　　别： 优良品种

通过类别： 审定

编　　　号： 豫S-SV-DK-012-2014

证书编号： 豫林审证字358号

选　育　者： 开封市农林科学研究院

【品种特性】　选育品种。结果初期平均单果重为94.9g。果肉鲜红色，肉质黏软汁多，甘甜怡口，风味纯正。果皮全面着橙黄色，脱涩软化后为浓红色。可溶性固形物含量18.6%。果实9月中下旬成熟。

【适宜种植范围】　河南省柿树适生区。

【栽培管理技术】　一般在11月下旬或春季萌芽前栽植。要选用根系完好、树势旺、芽眼饱满的壮苗。栽植密度3m×4m~5m×6m，栽前先挖好定植穴，定植穴0.8m×0.8m×0.8m，每穴施腐熟的优质农家肥10kg，复合肥1kg，粪土掺匀。栽植深度以埋土至幼苗嫁接口为宜，栽植后浇一次透水。浇水后立即定干，干高60~80cm。采用圆锥形和半圆形的树形，在定植后的前3年，以培养树形和营养生长为主，营养枝多短截，拉枝以开张枝条角度，使其尽快形成骨架。结果初期多缓放，以促使花芽形成，缓和树势。进入盛果期的柿树，应控制结果母枝的数量，冬剪时对长势好的树多留少剪，对长势差的树少留多剪，同时，结合疏花、疏果等措施，达到均衡增产、丰产稳产的目的。衰老树更新时利用结果母枝附近的芽眼或枝梢，使其形成新的结果母枝，以后逐年运用单枝更新法和双枝更新法进行更新，以恢复树势，达到延长结果的目的。具体技术参考《河南林木良种》(2008)'十月红'柿。

73 '黑柿 1 号'柿

学　　　名：*Diospyros kaki* 'Heishi No. 1'

类　　　别：优良品种

通过类别：审定

编　　　号：豫 S-SV-DK-003-2015

证书编号：豫林审证字 402 号

选 育 者：中国农业科学院郑州果树研究所

【品种特性】　自然选育品种。树冠圆锥形，半开张。果实长圆形，平均单果重 126g，最大果重 232g；纵径 6.7cm，横径 5.4cm；果实心脏形，横断面略呈方形；果面乌黑色，果粉多，擦去果粉后果面乌黑而有光泽，有极浅的纵沟；有缢痕，呈肉座状绕蒂下一圈。果肉橙黄色，硬柿肉质脆硬，软后其皮难剥，软柿肉质黏，汁液较少，味浓甜。可溶性固形物含量达 19%~24%。10 月中旬果面着黑色时即可上市，采收期可延长到 11 月中旬。

【适宜种植范围】　河南省柿树适生区。

【栽培管理技术】　选择土质疏松、排水良好的土壤建园。株行距以 2m×3m、3m×4m 为宜。可采用主干疏散分层形、自由纺锤形。注意疏花疏果，对于过弱的花枝花前应短截，过长的花枝要回缩，以促进萌发部分营养枝。具体技术参考《河南林木良种》(2008)'十月红'柿。

【病虫害防治】　对柿棉蚧、早期落叶病均有较强的抵抗能力，病虫害相对较少，以预防为主。加强果园水肥管理，合理修剪，增强树势，提高树体抗病能力。

74 '中柿 2 号'柿

学　　　名：*Diospyros kaki* 'Zhongshi No. 2'

类　　　别：优良品种

通过类别：审定

编　　　号：豫 S-SV-DK-004-2015

证书编号：豫林审证字 403 号

选 育 者：国家林业局泡桐研究开发中心、中国林业科学研究院经济林研究开发中心

【品种特性】 自然选育品种。树势较强，树姿直立。果实发育初期呈现"果顶尖凸、四裂"特征，成熟时果实为橙黄色，并一直保留这一特异性状；果实横断面呈方形，十字沟不明显；宿存萼近方形，多 4 裂；果肉柔软多汁，核较少，多为 0~1 粒；果实横径平均为 8.5cm，纵径平均为 7.5cm，平均单果重 220g。果实 10 月中上旬成熟。

【适宜种植范围】 河南省柿树适生区。

【栽培管理技术】 栽植株行距一般为 3m×4m 或 2m×3m，无需配置授粉树。栽植当年及时中耕除草松土，栽后每年 11 月中下旬，在落叶前土壤深翻一次，夏季雨后及时进行中耕 2~3 次。进入果期后，结合土壤深翻施追肥。3 月下旬(萌芽前)和 11 月下旬各灌水 1 次。生长期内根据土壤墒情结合施肥进行灌溉。树形结构以主干形为主。在秋季落叶后或春季发芽前进行整形修剪。花期对幼树主干环剥能提早结果，并提高座果率。剥皮宽度与主干粗呈正相关，一般宽度 0.5cm 左右。环剥后，及时补充肥水以免影响植株生长。具体技术参考《河南林木良种》(2008)'十月红'柿。

【病虫害防治】 抗病虫害能力强，一般不需使用农药。但是刚修剪的剪锯口易腐朽，直径 2cm 以上的伤口，应在削皮之后，用防腐剂保护，防止腐烂，促进愈合。

75 '唐河 1 号'栀子

学　　名：_Gardenia jasminoides_ 'Tanghe No. 1'

类　　别：优良品种

通过类别：审定

编　　号：豫 S-SV-GJ-005-2015

证书编号：豫林审证字 404 号

选 育 者：南阳市花卉协会、唐河县林技站、唐河县昀禾农业种植专业合作社

【品种特性】 自然选育品种。果近柱形，成熟时橙黄色或橙红色，平均纵经 2.96cm，平均横径 1.68cm，有翅状纵棱 6 条，顶部宿存萼片长 2.5~3cm，宽近 0.3cm；种子多数，稍扁，近圆形，稍有棱角，长约 0.5cm，宽约 0.3cm。花期 6~7 月；果实 10 月底成熟。

【适宜种植范围】 河南省栀子适生区。

【栽培管理技术】

1. 苗木培育

(1)整地　育苗地，先深耕30cm左右，除去石砾及草根，再行造畦，畦高17cm，宽1.3m。打碎土块，耙平，每亩施基肥2000kg。然后按行距27cm，挖宽7cm、深3cm的横沟，以待播种。

(2)种子繁殖　播种期分春播和秋播，以春播为好。在2月上旬至下旬(立春至雨水)。选取饱满、果色深红的果实，挖出种子，于水中搓散，捞取下沉的种子，晾去水分；随即与细土或草木灰拌匀，条播于畦沟内，盖以细土，再覆盖稻草；发芽后分多次揭去稻草，经常除草，如苗过密，应陆续间苗，保持株距10~13cm。幼苗培育1~2年，高30cm以上，即可定植。

(3)扦插繁殖　扦插期秋季9月下旬至10月下旬，春季2月中下旬。剪取生长2~3年的枝条，摈节剪成长17~20cm的插穗。插时稍微倾斜，上端留一节露出地面。约1年后即可移植。

2. 定植

2~3月间定植，按株距1.2~2m，作好直径50cm，深30cm的穴，并用堆肥10kg与细土拌匀作基肥。每穴栽苗1株。

3. 田间管理

幼苗期须经常除草、浇水，保持苗床湿润，施肥以稀释的腐熟人粪尿为佳。定植后，在初春与夏季各除草、松土、施肥1次，并适当培土。

(1)土壤管理　酸性土壤的指示植物，故土壤的微酸性环境，是决定栀子生长好坏的关键。培养土应用微酸的沙壤红土7成、腐叶质3成混合而成。将土壤pH值控制在4.0~6.5之间为宜。

(2)温度管理　最佳生长温度为16~18℃。温度过低和太阳直射都对其生长极为不利，故夏季宜将栀子放在通风良好、空气湿度大又透光的疏林或阴棚下养护。冬季放在见阳光、温度又不低于0℃的环境，让其休眠，温度过高会影响来年开花。

(3)水分管理　喜空气湿润，生长期要适量增加浇水。通常盆土发白即可浇水，一次浇透。夏季燥热，每天须向叶面喷雾2~3次，以增加空气湿度，帮助植株降温。但花现蕾后，浇水不宜过多，以免造成落蕾。冬季以偏干为好，防止水多烂根。

(4)肥料管理　喜肥，为了满足其生长期对肥的需求，又能保持土壤的微酸性环境，可事先将硫酸亚铁拌入肥液中发酵。进入生长旺季4月后，可每半月追肥一次(施肥时最好多兑些水，以防烧花)。这样既能满足栀子对肥料的需求，又能保持土壤环境处于相对平衡的微酸环境，防止黄化病的发生，同时又避免了突击补硫酸亚铁，局部过酸对栀子的伤害。

【病虫害防治】　栀子主要病害有褐斑病、炭疽病、煤污病、根腐病、黄化病等，在室内，病害全年都可能发生，严重时植株落叶、落果或枯死。在病害发生初期或发生期施用多菌灵、退菌特等 1000 倍液进行喷洒，可有效地防治病害。

（1）缺肥性黄化病　可追施腐熟的人粪尿或饼肥。缺铁引起的黄化病，可喷洒 0.2%~0.5% 的硫酸亚铁水溶液进行防治。缺镁引起的黄化病，可喷洒 0.7%~0.8% 硼镁肥防治。

（2）介壳虫防治　一般有 2 种：糠蚧和吹棉蚧。煤烟病便是介壳虫的排泄物滋生细菌所致。这 2 种介壳虫同属刺吸式害虫。虫背部表面附有一层蜡质，一般药物无法穿透，可用吡虫啉类或其改良剂进行喷雾灭杀。每周一次，一般需要 2~3 次才能灭杀彻底。

76　'金丰 1 号'金银花

学　　　名：　*Lonicera japonica* 'Jinfeng No. 1'

类　　　别：　优良品种

通过类别：　审定

编　　　号：　豫 S-SV-LJ-038-2013

证书编号：　豫林审证字 333 号

选 育 者：　河南省封丘县农村科技开发中心、新乡市林业种苗管理站

【品种特性】　选育品种。枝条上扬且较为粗壮，头茬花鲜花蕾千花重 143.9g，干花千花重 26.05g，折干率 18.1%，头茬花平均单株产干花 208.61g。头茬花与二茬花的产量比为 4:3，分别占总产花量的 40% 与 30%；三茬花占总产量的 15%；四茬、五茬花分别占总产花量的 10% 和 5%。

【适宜种植范围】　河南省金银花适生区。

【栽培管理技术】

1. 苗木培育

（1）播种育苗

● 选种及贮藏：10 月果实成熟后，选优良母株采收果实，捣烂，用水冲洗漂去果皮及果肉，淘洗干净后，选籽粒饱满的种子，秋季可随采随种，趁湿直接播到苗床上。按正常管理，第二年可出苗。将秋季采收选出的优良种子晾干，用沙藏法处理种子越冬，春季开冻后再播。

● 种子处理：播种前将沙藏的种子放入 30~40℃ 温水中浸泡 24 小时，取出用 2 倍湿沙催芽。待有 30% 左右的种子裂口时即可播种。

● 苗床准备及播种：苗圃地选近水、背风、向阳的生荒地，较肥沃湿润的

沙质壤土为佳。施肥整地，深翻 30～33cm，做成 100～130cm 宽的苗床。在苗床上开沟，将种子均匀撒入沟内，每亩用种子 1kg 左右，盖 1cm 厚的土，压实。播后每天早晚各浇水 1 次，10 天左右出苗。当年秋季或第二年春季幼苗可定植于生产田。幼苗生长期要经常进行除草、松土、浇水。

（2）扦插育苗

● 嫩枝扦插：选择中性或微酸、微碱性的肥沃土壤作为苗床地。将地深翻 30～40cm，碎土耙平后稍微压实，整成宽 1m 的畦面，按行距 15～20cm 开好条沟，沟内垫放一层土杂肥做基肥。

选择 1～2 年生长旺盛的枝条，截成长 20～30cm 插条，每根至少具有 3 个节位，上节留叶，下 2 节摘下叶片，将下端切成斜口，用生根粉、草木灰处理后，趁鲜进行扦插。扦插株行距 150cm×150cm，挖穴，每穴扦插 3～5 根，地上留 1/3 的茎，至少有一个芽露在土面，踩紧压实，浇透水。以后若天气干旱，每隔 2～3 天浇 1 次水，保持土壤湿润，1 个月左右即可生根发芽，第 2 年春季或秋季移栽。

● 硬枝扦插：育苗地尽可能选择地势平坦、肥沃、深厚的中性壤质和沙壤质土，光照充足，排水良好，灌溉方便的地方。做床方法同常规扦插法，早春土壤低温对生根影响较大，应用地膜覆盖，以提高地温。提供土壤中水、气、热共存的良好条件是保证和提高扦插成活的关键。在秋末冬初，植株进入休眠状态后或早春尚未萌动前，采集长 60cm 左右枝条，低温湿沙贮藏，于插前制成 10cm 左右，具 2～3 节的插穗，插前应用生根粉处理。在春季一般土壤开始解冻，气温保持在 0℃以上时即可扦插。扦插时要按枝条的粗度及基部插穗和中部穗分别扦插，使苗木生长整齐，避免"大欺小"现象，扦插密度为每亩 4.4 万株，株行距为 15cm×7cm，按标准成活率 85% 计，年终保存株数为每亩 3.8 万株。扦插前漫灌或扦插后要及时灌水 1 次，此后应经常保持土壤湿润，10～15 天灌水一次。

（4）压条育苗　在秋冬植株休眠期或早春萌发前进行。选择 3～4 年生已经开花、生长健壮、产量较高的植株作母株，将其近地面的一年生枝条弯曲埋入土中。刻伤枝条入土部分，用湿度 80% 的细肥土压盖 10～15cm，再用枝杈固定压紧，使枝梢露出地面，盖草保持湿润。若枝条较长，可连续弯曲压入土中，一般 2～3 个月可生出不定根。不定根长老后(约半年)，在不定根的节眼后 1cm 处剪断，让其脱离母株独立生长。稍后便可带泥移栽定植。从压条到移栽一般需 8～9 个月，移栽次年便可开花。压条育苗比扦插繁育能提早 2～3 年开花，操作方便，不受季节限制，成活率较高。

（5）分根育苗　金银花易生根蘖苗，栽后第 2 年植株周围能萌发根蘖苗。于冬季金银花休眠期挖取母株，将根系及地上茎适当修剪后，进行分株，每穴栽入 1~2 株，栽后第 2 年就能现花蕾。但母株生长受到抑制，当年开花较少，甚至不能开花，繁殖系数较低。因此产区除利用野生优良品种分根繁殖外，一般也较少应用。

2. 造林

（1）造林地选择　金银花根系发达、抗旱耐瘠薄，适宜各种立地条件栽植，对气候、土壤要求不严，在微酸、偏碱、盐渍地上都生长良好，特别适合西北地区干旱、土壤瘠薄、坡度陡、水土流失严重的地方栽植。

（2）整地　造林整地全部采用穴状整地，整地规格为 40cm×40cm，整地时间在造林前一个月。每穴施入土杂肥 5kg 与底土拌匀。

（3）造林密度　初栽时密植，造林密度为行距 150cm、株距 120cm。挖 30~40cm³ 的栽植穴，每穴栽植壮苗 1 株，填细土压紧、踏实，浇透定根水。后可视空间大小间伐减株，最后达到合理密度。

（4）抚育管理　加强幼林抚育管护，同时要注意整形修剪。造林当年或第 2 年要适时除草、松土管理，严格封山，严禁人为破坏和牲畜残踏。如林分密度过大，应及时疏伐。要经常将混生林中的杂灌木砍去，保证林内通风透光良好，促进金银花的生长和结实。

3. 土肥水管理

（1）浇水　金银花耐旱，喜欢干燥，但在生长发育过程中，需一定的水分，才能生长旺盛。一年中要浇足两次水：一是春季萌芽水，二是初冬封冻水。土壤要保持湿润，忌过干，否则基叶易枯黄脱落并影响开花。天气干旱时适当浇水，雨季要注意排水防涝。

金银花喜干燥，在育蕾过程中水分过多，会造成金银花中的有效成分—绿原酸含量的降低。但根据金银花的生长需求必须浇好封冻水。在初冬浇灌并灌饱浇足，最好挖沟漫灌，可促进伤根愈合，提高地温，加速有机养分的分解，为翌年金银花的生长打下良好的基础。

（2）施肥　土壤追施宜在冬季或植株每茬花蕾孕育之前进行，土壤施肥以施基肥为主，在每年封冻前及时施入有机肥和磷钾肥，以补充生长期消耗的养分。基肥要以腐熟的有机肥为主，并配以少量氮、磷、钾肥或三元复合肥。有机肥包括各类圈肥人粪尿、堆肥、绿肥、草木灰、作物茎叶等。一般幼树每亩施有机肥 3m³ 左右，大树每亩施 5~10m³。常见施肥方法有：

● 环状沟施肥法：在金银花花墩外围挖一环形沟沟宽 2~40cm、沟深 30~50cm，按肥土 1:3 的比例混合回填，然后覆土填平。

● 条沟施肥法：在金银花行间（或隔行）挖一条宽 50cm、深 40~50cm 的沟，肥土混匀，施入沟内，然后覆土。这种方法施肥比较集中，用肥经济，但对肥料的要求较高，需要充分腐熟，施用前还要捣碎。

●全园撒施法：将肥料均匀撒在金银花行间，然后深刨，翻入约20cm深的土壤内。这种方法施肥范围大，肥料分布均匀，有利于根系吸收。根外追肥是通过叶面喷施低浓度肥料，通过叶面迅速吸收，补充植物体营养。在花墩周围开一条15cm左右深的环形沟，将人粪尿施入其中。头茬花后，以追施尿素或复合肥为主。四年生以上壮墩，每墩施人畜粪尿10kg左右，或施硫酸铵100g、过磷酸钙200g左右，将肥撒入花墩旁的沟内，用土盖好，同时将花墩整成四周高、中间低的槽形，以利于接纳雨雪，蓄水抗旱。每次追肥后要浇水，促进新的花枝生长，多结花蕾。秋季施肥对翌年头茬花具有良好的增产效果，但不宜过晚。

●叶面追施：宜在每茬花蕾孕育之前进行。幼苗可用5%磷酸二氢钾进行叶面追肥，每10天1次，连续2～3次。叶面喷肥可结合喷施农药防病治虫同时进行，主要是花前花后1个月各喷1次，0.3%尿素和0.3%磷酸二氢钾每年秋末适量追肥。

（3）松土除草　栽植后要经常除草松土，可改善土壤的渗透性，提高土壤水份和增暖作用，减少病虫害来源。成墩后，枝叶漫地，中耕不便，在春季发芽以及冬季落叶时各进行1次即可，在花墩根际周围宜浅，远处可稍深。

4. 树体管理

金银花为缠绕性木质藤本或丛生小灌木，自身自立能力差，如若任其自然生长，枝条下垂，缠绕紊乱，冠内郁闭，透风透光性差，长势弱，植株早衰，消费枝日渐增多，病虫害愈趋严重。花枝仅发生在冠丛外围，且短而小。结花小而瘦，产量低，质量差。要想高质高产，进行必要的合理修剪是最为重要的管理环节。

（1）休眠期修剪　休眠期修剪在12月份至翌年3月上旬进行。在其休眠期间进行修剪，将纤细枝、弱枝、交叉枝剪除，并截短当年生枝条，以利于第2年促发新枝，多开花。

幼龄株的修剪以整形为主，结花为辅。株形一般采用自然圆头形和伞形。对移栽1～3年的金银花，在春季枝条萌发前，可将枝条上部剪去，留下33cm左右较粗枝条做主干，促其粗化直立生长。剪去各级分枝的上部，只保留2～4对芽眼，以促使长出新的分枝。经过几年连续修剪，主干粗壮，就可直立成墩，主干上的各级侧枝形成伞形圆顶，既通风透光，开花数增多，而且便于摘收花蕾。金银花自然更新的能力很强，新生分枝多，已开过花的枝条当年虽能继续生长，但不再开花，只有在原开花母株上萌发的新梢，才能再现花蕾。

成龄株骨架已基本形成，修剪主要是培养健壮的开花母枝，使金银花枝条疏密均匀，内外层次做到上面圆、丛脚清、内膛空，整个植株形成直立伞形花墩，便于通风透光，多长花蕾。修剪时先下部后上部，先里后外，先主枝后小枝，先疏枝后短截。疏除交叉枝、下垂枝、枯弱枝、病虫枝及无效枝，以减少养分消耗。留下的开花母枝要进行短截，旺者留 4~5 节轻截，中庸者留 2~3 节重截，并使其分布均匀，布局合理。每次采过花后，立即剪去花枝顶端，使其节上的芽分枝生长，形成新的花枝。

20 年以后的金银花，植株逐渐衰老，这时的修剪除留下足够的开花母枝外，主要是进行骨干枝更新复壮，使成株龄老而枝龄小，方可保持产量。方法是疏截并重，抑前促后。

（2）生长期修剪　生长期修剪在 5~8 月上旬进行。生长期修剪是在每次采花后进行，目的是促进形成多茬花，提高产量。头茬花后第 1 次剪春梢于 6 月上旬进行，第 2 次 7 月下旬二茬花后剪夏梢，第 3 次 9 月上旬三茬花后剪秋梢。生长期修剪，要求以轻剪为主。

对 1~2 年生的金银花，第一茬花采收后夏剪时，选择 4~6 个作主枝，留长 25~30cm，并留好 2~3 个侧枝。通过修剪培养成主干明显、枝条分布均衡、散布面积大、受光充分的花墩。

对 4 年生以上的金银花第一次花采收后，将花枝短截，使匍匐枝逐渐直立，使其通风透光。对 10 年生以上的老花墩，第一次花采收后修剪时，主干已形成，重点修剪侧枝，保留叶枝 2~3 节，剪去上部，剪掉内部无花芽的弱枝，剪除平而下重枝条头，促其发出分枝，提高二茬花的产量，这种修剪方法，可使金银花提高产量 2~3 成以上。

5. 采收与加工

（1）采收　金银花移栽后第二年开始开花，一般每年开花两次，头次 5~6 月，第二次 8~10 月，从现蕾到开花约 15 天。采花须掌握时机，以花蕾由绿变白、上部膨大、即将开花时为最佳采收期，过早过迟均影响品质。采时宜选晴天早晨露水刚干时分批摘下，当天即可晒干。注意在干燥前期不能翻动，否则花易变黑，影响产品外观及质量。

（2）加工　加工主要有自然晾晒、烘干加工和硫磺熏蒸干燥几种方法，其中以自然晾晒为主。应掌握适宜温度，使颜色、干度恰到好处，以防变黑。

● 自然晾晒：即将鲜花摊在干净场地或席箔上，置阳光下曝晒，其厚度视气温高低和阳光强弱而定，多在 3~5cm 之间，未干燥前不宜翻动，更不能淋雨。此法经济简便，如遇阴雨，难以保证良好的商品质量。

●烘干加工：如遇天气不好，可用簸箕置于烘房烘干。烘时应注意逐渐升温，中期维持 45~50℃、后期以 50~55℃ 速干。通常烘 12~20 小时即可，忌翻动、停烘或长烘，否则容易变黑。

（3）贮藏　金银花干燥后应密封储藏，以防受潮变色、防虫蛀。应存放于干燥阴凉处，防潮、避光，防止变色、生霉、生虫。主产区花农多将其充分干燥后放入塑料薄膜内，扎紧口存贮。

【病虫害防治】

1. 病害防治

金银花植株中均含有绿原酸，能抑制病原微生物的侵入生长，是金银花不易染病的内在因素。但在潮湿的低洼地易染忍冬褐斑病，少数植株患有白粉病。

（1）褐斑病　主要危害叶片，发病初期叶片上出现黄褐色小斑，后期数个小斑融合一起，呈圆形或受叶脉所限呈多角形的病斑。潮湿时，叶背生有灰色的霜状物；干燥时，病斑中间部分容易破裂；病害严重时，叶片早期枯黄脱落。褐斑病多在夏秋季发生，7～8月发病严重。发病初期叶片上出现褐色小点，以后逐渐扩大成褐色圆形病斑，也有的受叶脉限制形成不规则的病斑，潮湿时背面生有灰色霉状物，严重时，叶片枯黄脱落，引起植株生长衰弱。一张叶片如有2～3个病斑，就会脱落。

防治方法：冬季清除病枝病叶，清扫地面落叶集中烧毁或深埋，减少病菌来源；加强花墩田间管理，增加有机肥，控制施用氮肥，多施磷、钾肥，促进树势生长健壮，提高抗病能力；加强水分管理，注意防涝排水；搞好生长期的修剪，改善通风透光条件，结合冬季修剪清理花墩，减少病源。发病初期，用50%多菌灵800～1000倍液，或70%代森锰锌可湿性粉剂800倍液，或加50%甲基托布津1000～1500倍液，或扑海因1500～2000倍液喷雾防治，或1%波尔多液喷雾防治，每隔7～10天喷1次，连喷2～3次，注意交替轮换施药，有较好的防效。

（2）白粉病　主要危害叶片，有时也危害茎和花。叶上病斑初为白色小点，后扩展为白色粉状斑，叶斑背面有灰白色粉状物或霉状物产生，花蕾受害产生灰白色粉层，严重时受害花蕾和叶片变成紫黑色，最后引起落花、凋叶、枝条干枯。一般3～4月在当年秋梢叶片上始感病，4月上旬后当年新梢始见发病，其后主要在新梢叶片上扩展，6月上中旬花蕾依次逐渐感病，花蕾感病后即可迅速流行，严重时可使花蕾失收。此病以6～8月发生危害严重，10月中旬后则不再在枝叶扩展。因品种抗性不同，其品种间发生危害程度明显存在差异。

防治方法：选育抗病品种（凡枝粗、节密而短、叶片浓绿而质厚、密生绒毛的品种，大多为抗病力强的品种）；合理密植，整形修剪，改善通风透光条件，可增强抗病力；少施氮肥，多施磷钾肥。发病初期用15%粉锈宁（三唑酮）1500倍液或50%瑞毒霉锰锌1000倍液或75%百菌清可湿性粉剂800～1000倍液喷雾防治，每7天1次，连喷2～3次。如发病较重，头茬花后至8月间，每月喷1次杀菌剂。也可喷洒40%农抗120或45%硫磺胶悬剂200～300倍液、15%粉锈宁可湿性粉剂1000～1500倍液，50%甲基托布津可湿性粉剂800倍液。花蕾期用药保护，即在花蕾达0.2～0.3cm时连续用药2～3次，每次间隔5～7天。

（3）炭疽病　真菌性病害。叶片呈多种病斑症状，潮湿时后期病斑上着生红褐色点状黏状物，严重时可造成大量落叶直至原蔸腐败。故也叫腐蔸病或根腐病。地势低洼地发病严重，每年有 2 期发病流行高峰期即 3~4 月和9~10 月。

防治方法：加强栽培管理，主要是合理施肥，以防旱防渍为主的科学水分管理，开展冬季防冻，早春防风等，以增强树势。清除残株病叶，集中烧毁。移栽前用 1:1:150~200 波尔多液浸根 5~10 分钟；发病期喷洒 65% 代森锌 500倍液，或 50% 退菌特 800~1000 倍液，或用敌克松原粉稀释 500~1000 倍液灌注根部。

（4）锈病　主要危害叶子。初期先在下部叶片的背面产生锈褐色微隆起的小疱斑，破裂后散发出铁锈色粉末，此即为病菌的夏孢子。后期叶面上产生暗褐色疱斑，此即为病菌的冬孢子堆。严重时可致叶片枯死。

防治方法：收花后清除枯株病叶集中烧毁。发病初期喷敌锈钠原粉 200 倍~250 倍液，或 50% 二硝散 200 倍液，或 25% 粉锈宁 1000 倍液，每隔 7~10 天 1次，连续喷 2~3 次。

2. 虫害防治

危害金银花的病虫较多，尤以虫害为甚。生产上应注意预防为主，综合防治，提高管理水平，增强植株的抗力，控制其危害，以达优质高产的目的。

（1）蚜虫　有桃粉蚜和中华忍冬圆尾蚜 2 种，多在 4 月上、中旬发生。15~25℃时繁殖最快。5~6 月份危害严重，"立夏"前后，特别是阴雨天，蔓延更快。主要吸汁危害嫩梢嫩叶及花蕾，一般叶片受害背向萎卷，先叶脉变红褐色并逐渐扩展到脉缘叶肉，嫩梢和花蕾受害则萎缩不发，严重时受害部位萎蔫干枯，全株花蕾无收。蚜虫繁殖迅速，虫口增长快，如不注意防治，可造成严重减产，甚至绝收。

防治方法：清除杂草，将枯枝、烂叶集中烧毁或埋掉，减轻虫害。在植株未发芽前用石硫合剂先喷 1 次，以后清明、谷雨、立夏各喷一次，能根治蚜虫，并能兼治多种病虫害。在植株未发芽前用 0.2 波美度石硫合剂先喷 1 次，以后清明、谷雨、立夏各喷 1 次，能根治蚜虫，并能兼治多种病虫害。3 月下旬至 4月上旬叶片伸展开，蚜虫开始发生时，用 10% 吡虫啉可湿性粉剂 1500~2000 倍液，或 10% 万安可湿性粉剂 2000 倍液喷雾，5~7 天 1 次，连喷数次，最后一次用药须在采摘金银花前 10~15 天进行。清明前，喷一次 40% 氧乐果乳油 1000~2000 倍液防治。在有蚜株 50% 以下时挑治，50% 以上时普治。采花期禁用药物，可用洗衣粉 1kg 兑水 10kg 或用酒精 1kg 兑水 100kg 喷洒。

（2）尺蠖　幼虫身体细长，行动时一屈一伸像个拱桥，休息时，身体能斜向伸直如枝状。完全变态。成虫翅大，体细长有短毛，触角丝状或羽状，称为"尺蛾"。尺蠖的幼虫食害叶片，严重时造成光秃现象。静止时，常用腹足和尾足抓住茶枝，使虫体向前斜伸，颇像一个枯枝，受惊时即吐丝下垂；又如枣尺蠖的幼虫，不仅食害枣、酸枣的叶片，并食嫩芽、花蕾。雌成虫无翅，雄成虫全体灰褐色，前翅有褐色波纹2条。一般在头茬花采收完毕时危害严重，幼虫几天内可将叶片吃光，初龄幼虫在叶背危害，取食下表皮及叶肉组织，残留上表皮，使叶面呈白色透明斑，严重时能把成片花墩叶吃光。

防治方法：冬季剪枝清墩，破坏害虫越冬环境，减少虫源；立春后，在树干基部周围1m内挖土灭蛹，或在树干绑15cm宽的塑料薄膜带，然后集中捕杀。幼虫发生初期用90%敌百虫晶体1000倍液喷雾，或用2.5%鱼藤精乳油400～600倍液喷雾。

（3）咖啡虎天牛　天牛是重要蛀茎性害虫。成虫体长9.5～15mm，体黑色，头顶粗糙，有颗粒状纹。触角长度为身体的1/2，末端6节有白毛，前胸背板隆起似球形，背面有黄白色毛斑点10个，腹面每边有黄白色毛斑点1个。鞘翅栗棕色，上有较稀白毛形成的曲折白线数条，鞘翅基部略宽，向末端渐狭窄，表面分布细刻点，后缘平直。中后胸腹板均有稀散白斑，腹部每节两边各有1个白斑。中、后足腿节及胫节前端大部呈棕红色，其余为黑色。卵椭圆形，长约0.8mm，初产时为乳白色，后变为浅褐色。幼虫体长13～15mm，初龄幼虫浅黄色，老熟后色稍加深。蛹为裸蛹，长约14mm，浅黄褐色。

咖啡虎天牛以幼虫和成虫2种虫态越冬。越冬成虫于翌年4月中旬咬穿金银花枝干表皮，出孔危害。越冬幼虫于4月底～5月中旬化蛹，5月下旬羽化成虫。成虫交配后产卵于粗枝干的老皮下。卵孵化后，幼虫开始向木质部内蛀食，造成主干或主枝枯死。其后随虫龄增大有少量木屑和虫粪排出，其排出的木屑和虫粪一般由分泌液粘连附于虫伤口边，折断受害枝干可见蛀道内充满木屑和虫粪。5月中、下旬产卵于幼嫩茎部，幼虫钻蛀危害茎干，从而使整株枯死。

防治方法：冬季剪枝，将老枝干的老皮剥除，及时清除枯枝破坏成虫产卵条件。6月下旬，初孵幼虫尚未蛀入木质部前用80%敌敌畏乳油1500倍液喷雾；在产卵盛期，用50%辛硫磷乳油600倍液喷射灭杀。7～10天喷1次，连喷数次；发现虫枝，剪下烧毁；发现有蛀孔，可用药棉蘸30%敌敌畏原液，塞入蛀孔或剪下虫枝烧毁；7～8月发现茎叶突然枯萎时，清除枯枝，进行人工捕捉；有新生鲜虫粪时，挖蛀孔内的幼虫；用糖醋液（糖1份、醋5份、水4份、晶体敌百虫0.05份配成）诱杀成虫。

（4）豹蠹蛾　幼虫多自枝杈或嫩梢的叶腋处蛀入茎内蛀食，使新梢枯萎，造成植株死亡。

防治方法：在6月份用涂白剂涂刷树干，破坏产卵环境，降低虫口率。7月中下旬幼虫孵化盛期，可用50%辛硫磷乳油600倍液或50%杀螟松1000倍释稀液均匀喷到枝条上，以喷湿不向下滴为度。树干上发现虫迹后，用药棉蘸

80%敌敌畏乳油塞入蛀孔，然后用黄泥封口，熏杀幼虫。

（5）红蜘蛛　5~6月高温干燥气候有利其繁殖，种类很多，体微小、红色。多集中于植株背面吸取汁液。被害叶初期红黄色，后期严重时则全叶干枯。

防治方法：剪除病虫枝和枯枝，清除落叶枯枝并烧毁。采用药物防治，用30%螨窝端乳油1000倍液或5%大螨乳油2000倍液或5%尼索郎乳油2000倍液或20%卵螨净可湿性粉剂2500倍液喷雾防治。

第三篇　种子园、母树林、优良种源

01 '辉县'油松母树林种子

学　　　名：*Pinus tabulaeformis* 'Huixian'

类　　　别：母树林

通过类别：审定

编　　　号：豫 S-SS-PT-034-2015

证书编号：豫林审证字 433 号

选 育 者：国营辉县市林场

【品种特性】 良种基地母树林良种。球果大、种子饱满、遗传品质好。具有造林成活率高、适应性强、生长快、干形通直、木材品质好等优点。

【适宜种植范围】 河南省油松适生区。

【栽培管理技术】 植苗造林，采用鱼鳞坑、窄幅梯田、水平阶、水平沟等方式整地。春、秋、雨 3 季都可栽植，雨季造林较易成活。宜营造混交林，可与刺槐、元宝枫、黄连木、臭椿等带状混交，也可与黄栌、紫穗槐等进行行间或株间混交。造林后 2~4 年内每年松土除草 1~3 次，以促进生长。具体技术参考《河南林木良种(二)》(2013)'辉县'油松种子园种子。

02 '红皮'构树

学　　　名：*Broussonetia papyrifera* 'Hongpi'

类　　　别：优良种源

通过类别：认定(有效期 5 年)

编　　　号：豫 R-SP-BP-048-2013

证书编号：豫林审证字 343 号

调 查 者：河南省林业科学研究院

【品种特性】 乡土树种。树体生长旺盛，树冠开张，卵形至广卵形。树皮平滑、红色，全株含乳汁；小枝树皮红色，其上密生白色丝状刚毛。雌雄异株，雄花序为柔荑花序，雌花序球形头状，4~5 月开花。聚花果球形，7~9 月成熟，熟时橙红色或鲜红色。

【适宜种植范围】　河南省各地。

【栽培管理技术】

1. 苗木培育

（1）播种育苗

● 采种：'红皮'构树 7~9 月果实变红即为成熟，可在此时采集。采回果实后，将其放入细眼箩筐中，浸入水中，用手搓揉，将外种皮搓烂，冲水使种子下沉，经多次分离，即得纯净种子。经阴干后即可播种，也可贮藏至翌年春季播种。

● 苗圃地选择：构树种子在萌发时，土壤必须保持湿润，温度在 25℃ 以上。幼苗耐阴，喜疏松、肥沃、湿润的土壤；怕涝，根忌水浸泡；茎幼嫩且内部空心，怕烈日曝晒。幼树稍耐阴，随着苗木的生长逐步喜光，需在全光照下生长茂盛。因此育苗地应选在地势平坦、土层深厚、排水良好，且具备灌溉设施的地块。

● 整地与营养土配制：构树育苗可采用大田育苗和容器育苗。大田育苗，在春、秋季播种前，将苗圃地施肥、深翻、整细后，作垄床，床宽 1m。一次性施足底肥，每亩施 1500~2000kg 腐熟鸡粪；容器育苗作平床，营养土配方：黄心土 75% + 腐熟鸡粪 20%（腐熟鸡粪为鸡粪 40%、锯木屑 60% 的混合物）+ 钙美磷肥 5%。营养土和基质过筛后，进行混合，边混合边用高锰酸钾溶液消毒，混合均匀后，将营养土盛入规格为直径 6~8cm、高 8cm 的营养杯，然后置于设置好的苗床内，以备播种。

● 播种：河南郑州构树春播在 3 月中、下旬为宜；秋播（随采随播）在 8 月下旬至 9 月上旬为宜。大田育苗采用撒播，每亩播种量 1~1.5kg；营养杯播 5 粒种子。播种前先喷雾将大田苗床或营养杯的土壤喷透，播种时将种子均匀撒播于苗床和营养土的表面，二者皆不盖土，15~20 天苗木基本出齐。试验表明：9 月采种育苗，年底苗高可达 15cm。第 2 年 3 月底播种，生长期长，到年底苗高达 120cm，地径 1cm。

● 苗期管理：大田育苗在播种后，用稻草覆盖苗床，保持土壤湿润，待绝大部分种子发芽出土后，揭去稻草；容器育苗在苗床上，用木棒、竹片和铁丝搭架，盖上遮阳网，遮阳网离地面高度 2m。

苗圃地和营养杯的苗木株数过多会影响苗木生长，要及时间苗。第 1 次间苗在幼苗高约 1cm 时进行，间去病弱苗。大田育苗，每亩春播苗可保留 2.5 万株，秋播苗则保留 2 万株，容器育苗每杯保留 2 株。第 2 次间苗在幼苗高约 3cm 时进行，春播苗保留 2 万株，秋播苗保留 1.2 万~1.5 万株，容器育苗每杯保留 1 株。

构树种子在播后至出苗前，营养土的表面须随时保持湿润，浇水须用喷头喷雾。幼苗出土后，每天 8：00~9：00 或 17：00~18：00 喷水各 1 次，晴天喷水稍多些，喷水要适度，以浇透营养土为度，不能积水，以免苗木根系腐烂。

在第 2 次间苗后进行追肥，为了促进其生长，每隔 10 天喷施 1 次氮、钾肥，浓度为 0.1%，施肥要均匀，施肥在下午进行，第 2 天早上浇水后清洗叶面。

育苗地和营养杯内要保持无杂草，除草要做到"除早、除少、除了"，除草在浇水后或雨天进行。病虫害防治以预防为主，播种至出苗前每 7 天用杀虫剂喷洒 1 次，以防蚂蚁。第 2 次间苗以后，每隔 20 天，用一定浓度的杀菌剂药液喷洒叶面，每隔 30 天用杀虫剂喷洒 1 次，以提高苗木的抵抗力，预防病虫害。

（2）扦插育苗

● 选圃搭棚：育苗地以地势高、排灌方便、肥沃、疏松、微酸性的壤土为好。选好的苗圃于秋季或冬季进行耕深 25cm、整细、除去杂物，结合整地每亩施生石灰 30~50kg 或硫酸亚铁 15kg，碾成粉撒在地面进行土壤消毒。如有地下害虫，每亩再施 50% 辛硫磷颗粒剂 2.5kg，再复耕一次。结合开畦每亩施农家肥 750kg、饼肥 100kg、复合肥 100kg 作基肥。做成东西向的长畦，畦宽 1.2~1.5m、畦长 8~10m，畦的四周做成垄，便于浇水、扎拱棚覆膜。

● 插条采集与处理：插条是影响成活率和生根迟早最主要的因素，插条应选自母树中上部一年生冠外枝，应生长健壮、发育正常、无病虫害、半木质化，应在早晨或阴天采集，采回的插条剪成 5~8cm 长的插穗（保留 1~2 个腋芽），将采集的插穗浸于 1000mg/kg 的多菌灵溶液中约 30 分钟后取出，再浸于 500mg/kg 的 ABT 生根粉溶液中 10 秒，然后在穗条基部蘸上消毒黄泥浆，待插（黄泥浆用 2000mg/kg 的高锰酸钾溶液消毒）。

● 扦插：在 3 月中、下旬进行扦插。扦插按 10cm×15cm 株行距或在营养钵中进行，插入深度为插穗长度的一半。

● 插后管理：插后及时浇透水，使插穗与土壤密接，插完一畦应及时搭拱覆膜，四周压实。扦插后经常查看扦插圃内土壤湿度等情况。当土壤变得干燥时，应及时揭膜喷水，同时喷药（500 倍 50% 的多菌灵液或百菌清液）防病。当苗木生根、发叶后，进行土壤施肥（每隔 10 天浇施 1%~2% 的尿素液 1 次）和叶面施肥（0.3% 的尿素和 0.2% 的磷酸二氢钾液）。等插穗生根后（约 30 天），再推迟 10~15 天揭膜。揭膜时先打开拱膜两端，让其自然通风 3 天后再揭膜。同时应及时清除苗床里的杂草。

2. 造林

（1）立地选择　构树造林不受条件和地形地貌的限制，既可集中连片造林，也可见缝插针，在干旱瘠薄、石漠沙荒地和沟、塘、库岸、溪流两侧，房前屋后都可种植，但以土层深厚肥沃的低山、丘陵缓坡地带造林最为适宜。

（2）整地方法　散生和"四旁"种植构树，以采用穴状整地为好，规格为60cm³，深40cm。在干旱瘠薄和石漠沙荒地造林，宜采取水平带状整地，带宽1m，深50cm。在土层深厚肥沃、立地条件较好地带造林，采用深度为25～30cm的全垦整地效果较好。

（3）造林密度　构树的造林密度应根据经营目的而定。作为观赏林，采取2.0m×2.0m的密度，3分枝的自然圆冠形较好；作为纸浆林，采取1.0m×1.0m的密度，3分枝的树形较好；作为饲料林，宜以1.0m×2.0m的密度，5分枝的树形种植。

（4）栽植技术　构树造林一般在春季进行。在干旱地区，为了保持苗木水分平衡，提高造林成活率，可采取实生苗截干造林，即将苗栽植后在距地面30cm处剪去。

3. 抚育管理

构树新造幼林要适时松土除草，并结合施肥埋青，增加林地营养。

整形修剪：构树在园林应用中一般呈自然圆冠形。栽植时根据需求进行截干，在新生的枝条中选留三个长势健壮，分布均匀，且不在同一轨迹的枝条作主枝培养，其余枝条全部疏除，秋末对选留的主枝进行轻短截，翌年在主枝上各选留两个枝条作侧枝培养，侧枝在秋末进行中短截，第三年在侧枝上选留二级侧枝。此后的管理中，可重点修剪过密枝、交叉枝、病虫枝。

【病虫害防治】

1. 害虫防治

盗毒蛾、野蚕蛾、桑粒肩天牛。如有盗毒蛾发生，可用黑光灯诱杀成虫，幼虫期用无公害药剂防治，5月上中旬是防治关键期，可选用20%除虫脲悬浮剂7000倍液或1.2%烟参碱2000倍液进行喷洒。如有野蚕蛾危害，可用黑光灯诱杀成虫，在幼虫和成虫期可用20%康福多浓可溶液3000倍液进行喷杀。如有桑粒肩天牛危害，可人工捕杀成虫和幼虫，用磷化铝偏激赌赛熏蒸干内幼虫。

2. 病害防治

常见病害为叶褐斑病。此病系半知菌类真菌侵染所致，发病初期叶面有褐色斑点，随着病情的发展，斑点逐渐增大并连接成片，最终导致叶片枯黄早落。此病在6～8月高温高湿期为发病高峰期。发病期可用75%甲基托布津可湿性粉剂800倍液或60%代森锌可湿性粉剂500倍液喷施雾，每7天1次，连续喷洒三四次可有效控制病情。

03　'花皮'构树

学　　　名：*Broussonetia papyrifera* 'Huapi'
类　　　别：优良种源
通过类别：认定(有效期 5 年)
编　　　号：豫 R-SP-BP-049-2013
证书编号：豫林审证字 344 号
调 查 者：河南省林业科学研究院

【品种特性】　乡土树种。树体生长旺盛，树冠开张，卵形至广卵形；树皮平滑，灰白色或浅灰色，有红褐色斑块，全株含乳汁；小枝树皮花色，其上密生白色丝状刚毛。雌雄异株；雄花序为柔荑花序，雌花序球形头状，4~5 月开花。聚花果球形，7~9 月成熟，熟时橙红色或鲜红色。

【适宜种植范围】　河南省各地。

【栽培管理技术】　同'红皮'构树。

04　'长纤'构树

学　　　名：*Broussonetia papyrifera* 'Changxian'
类　　　别：优良种源
通过类别：认定(有效期 5 年)
编　　　号：豫 R-SP-BP-050-2013
证书编号：豫林审证字 345 号
调 查 者：河南省林业科学研究院

【品种特性】　乡土树种。树体生长旺盛，树冠开张，卵形至广卵形；全株含乳汁。小枝树皮灰白色，其上密生白色丝状刚毛。雌花球形头状，4~5 月开花。聚花果球形，7~9 月成熟，熟时橙红色或鲜红色。

【适宜种植范围】　河南省各地。

【栽培管理技术】　同'红皮'构树。

05　'饲料'构树

学　　　名：*Broussonetia papyrifera* 'Siliao'
类　　　别：优良种源
通过类别：认定(有效期 5 年)

编　　号：豫 R-SP-BP-051-2013

证书编号：豫林审证字 346 号

调 查 者：河南省林业科学研究院

【品种特性】 乡土树种。树体生长旺盛，树冠开张；全株含乳汁。叶片较大，叶面积平均为 149.45cm²，叶长平均为 24.57cm，叶宽平均为 6.03cm，两面有厚柔毛；叶柄长平均为 8.27cm，密生茸毛；托叶卵状长圆形，早落。雌花球形头状，4~5 月开花。聚花果球形，7~9 月成熟，熟时橙红色或鲜红色。

【适宜种植范围】 河南省各地。

【栽培管理技术】 同'红皮'构树。

06 '大红'杏

学　　名：Armeniaca vulgaris 'Dahong'

类　　别：优良种源

通过类别：审定

编　　号：豫 S-SP-AV-024-2013

证书编号：豫林审证字 319 号

调 查 者：濮阳市林业科学院

【品种特性】 乡土树种。果实近圆形，平均单果重 65.48g，果顶渐尖，缝合线浅，较明显，两侧果肉对称，梗洼浅，果肩平；果皮橘黄色，向阳面红晕，不均匀；果皮中厚，易剥离。果肉橘黄色，肉质细、松软，纤维中，果汁多，味酸甜适度，香气适中。可溶性固形物 15.2%。果实 6 月中旬成熟。

【适宜种植范围】 河南省杏适生区。

【栽培管理技术】 农林间作株行距 4m×5m，密植栽培株行距 3m×4m 或 2m×4m。建园苗木应选择根系完整、芽饱满、无病虫害的一年生嫁接苗。树体以疏散分层形和开心形为宜，可拉枝缓和树势，扩大树冠，形成丰产的树体结构。要适度灌水，幼树在栽植第 1 年至第 3 年上半年应及时追肥，要多施氮肥，加速扩大树冠，早日进入结果期。结果期在施氮肥的同时，增施磷钾肥，促进结果，钾肥既防止落果又有抗寒能力。具体技术参考《河南林木良种》(2008)'仰韶黄'杏。

【病虫害防治】 注意防治介壳虫、蚜虫、叶螨和穿孔病等。

07　苦楝

学　　名： *Melia azedarach*

类　　别： 优良种源

通过类别： 认定（有效期5年）

编　　号： 豫R-SP-MA-047-2013

证书编号： 豫林审证字342号

调 查 者： 周口市林业技术推广站

【品种特性】　乡土树种。高大落叶乔木；假二叉分枝。圆锥花序腋生，花淡红紫色，花丝连合成筒状，有香气。核果淡黄色，经冬不落。幼树生长迅速，萌芽力强。

【适宜种植范围】　河南省各地。

【栽培管理技术】

1. 苗木培育

（1）播种育苗

● 圃地选择：楝树育苗应选择地势高燥、土壤肥沃、排灌良好、无病虫侵染源、地势平坦的沙壤土为宜。然后施入基肥，进行细致整地。

● 采种：采种应从10~20年生健壮母株上采集。果实于10月果皮皱缩，变为黄白色，逐渐成熟。熟果久悬不落，采果期可延至12月上旬。将果穗剪下，放入缸中，用清水浸泡3~4天，揉搓淘洗，去除果肉果皮，淘洗出核果，洗净阴干沙藏。贮藏期间每隔10~15天翻动一次，防止种子发霉。出籽率20%~25%，果核千粒重1000~1700g，每千克果核600~1000粒，室内发芽率60%~70%，场圃发芽率40%~60%。

● 催芽：楝树种子果皮淡黄色略有皱纹，种皮结构坚硬、致密具有不透气性。若不经处理，种子发芽率仅为10%~15%。春播的楝树种子需进行催芽处理，将种子在阳光下曝晒2~3天后。浸入60~70℃的热水中，种子与热水的容积之比为1:3，为使种子受热均匀，将水倒入种子中，随倒随搅拌，一直搅拌到不烫手为止，再让其冷却，一般浸泡1昼夜。取出种皮软化的种子，剩余的种子用80~90℃热水浸种处理1~2次即可，逐次增温浸种，分批催芽。在背风向阳处挖深30cm、宽1m的浅坑，坑底铺一层厚约10cm的湿沙，将种子混以3倍的湿沙，上盖塑料薄膜催芽。催芽过程中要注意温度、水分和通气状态，经常翻倒种子，待有1/3种子萌动（露芽）时进行播种。用该法处理的种子发芽率可达到80%。1月左右萌动，播后可提早发芽20~30天。或先曝晒种子2~3天，用80℃热水浸种后，冷水浸泡24小时，捞出种子混拌草木灰，经1天后混沙堆放，经常淋水，待果核开始裂嘴时，即可播种。也可把果核堆放在猪粪或腐熟的堆肥中两个月，开始裂嘴时，取出播下。有的地方，采后即播，不需催芽处理。

●整地作床：根据当地具体条件，筑成平床或高床。高床苗床宽 1.2m，高 25cm，步行宽 30cm。

●播种：春季 3 月中下旬播种，条状点播，条距 20～30cm，株距 15～20cm，覆土 2～3cm 厚，每亩用果核 30～50kg。

用营养钵播种时，营养土的配方为：森林土 95%，过磷酸钙 3%，硫酸钾 1%，硫酸亚铁 0.5%。为预防楝树发生病虫害，营养土需进行消毒，每立方米营养土用 25kg 3% 的硫酸亚铁，翻拌均匀后用塑料薄膜覆盖 24 小时。切忌用厩肥、蔬菜土或其他熟土。营养土装入容器后轻轻压实，土面低于容器 0.5～1cm。把装好营养土的容器整齐排列在畦内，每行 15 袋，品字形排列，苗床周围挖土封边。每袋播 1 粒，覆土厚度为种子直径的 3 倍。

●苗期管理：楝树浇水要适时定量。播种后第一次浇水要充分。种子发芽期间，床面要经常保持湿润，灌溉应少量多次。幼苗出齐后，子叶完全展开，进入旺盛生长阶段，灌溉应量多次数少，灌溉时间宜在早晚进行，切忌中午高温时喷水。秋季雨水较多，要注意排水。苦楝每个核果内有种子 4～5 粒，成簇发芽出土，选阴天或傍晚进行间苗补苗，每簇选留一株健壮幼苗。移植时要带土球，以利于苗木成活。移栽后幼苗早晚连续浇水 2～3 次。通过间苗、补苗，每亩保留苗木 8000～10000 株。除草结合松土同时进行，每次灌溉及降雨后，达到适耕程度时应进行松土，小苗宜浅，大苗宜深，苗木木质化期应停止松土除草。追肥需将氮、磷、钾养分混合均匀后喷施，严禁纯施化肥，追肥后用清水冲洗幼苗叶面。速生期以氮肥为主，速生期过后停止施用氮肥，适当增加磷肥、钾肥，促进苗木木质化，提高树体抗寒力。

●大苗培育：选择土层深厚、土壤肥沃的育苗地，精耕细作，施足基肥，同时做好土壤的消毒和灭虫工作。南北方向作床，床面宽 1.5m，每亩定植 660 株左右。秋季落叶至春季萌芽前，选阴天或无风的清晨及傍晚进行移植。移植时适当修剪主根，以促进侧根的生长。移植后做好松土除草、灌溉施肥、病虫害防治等工作，使根系、枝条尽快恢复生长。经过 2 年的培育，当苗木平均高 3m 左右，胸径 2.5～3cm 可出圃。

（2）插根育苗　插根育苗是楝树快繁优良类型的主要方法之一。在苗木落叶后至翌春发芽前，剪去苗木根系过长或过多的侧根，或从优良幼龄母树采根，剪成长 15～17cm、粗度 1.0～1.5cm 的根段。剪取的根段，上平下斜，按粗细不同，分别进行贮藏或扦插。为使插根发芽整齐，早春可采用塑料薄膜沙坑催芽，保持其温度和湿度，插根萌芽后，分期分批扦插。也可于冬初或早春扦插后，覆盖地膜，利于插根萌芽生根。插根多用直插，扦插密度，以 50cm × 30cm 或 80cm × 40cm 为宜。插根萌芽前后，及时防治害虫，苗高 5 ~ 10cm，适时间苗定株，加强管理，严防苗床积水，当年苗高达 2.0m 以上。

2. 造林

（1）造林地选择与整地　　棟树为喜光树种，喜温暖气候，对土壤要求不严。棟树较耐旱，怕积水，因此，在选择造林地时，应尽量选择背风向阳、土壤疏松、肥沃的坡地或山地进行造林。平原地区棟树造林地通常为"四旁"，高燥的轻盐地常选棟树进行农棟间作；低山丘陵地区，常在山坡基部、谷间地边栽植。

栽植前应对造林地进行细致的整理，施足基肥。整地应采用全垦挖大穴的形式，穴径 70cm，深 40cm；低山地区多采用大鱼鳞坑整地。

（2）造林季节与栽植　　造林冬春两季均可进行。棟树丰产林的营造一般采用春季植苗造林。苗木应选择一年生健壮无病虫害的优质苗。山地栽植应尽量做到将地表疏松肥沃的表土填入栽植穴。造林密度应视林种来确定。培育短轮伐期的薪材林可进行密植，株行距可采用 1.5m × 1.5m；培育大径用材林，株行距可采用 4m × 4m。为提高林地产出增加近期经济效益，培育大径用材林也可采用 2m × 2m 的株行距进行密植，林分郁闭后及时间伐。

3. 抚育管理

棟树顶芽多不能正常发育，因而分权早，主干短，可采用斩梢抹芽的方法培育高大主干。于 4 月下旬新芽未萌动前，将苗木主梢上部剪成斜面，萌芽新枝后，靠近切口处选留一个粗壮的新枝培育为主干，抹去其余新枝。第二年依法剪去秋梢不成熟部分，尽可能在与上年留枝相对方向选留一个新枝，以利相互矫正主干，使之通直。要连续剪梢 2 ~ 3 年直至需要高度为止。为严防风折，可留预备枝，待新主干枝木质化后，再除去预备枝。斩梢抹芽后，加强水肥管理。8 月停止追肥，防止苗木徒长、冬季枯梢。

【病虫害防治】

（1）溃疡病　　主要发生于主干上，形成近圆形、直径为 1cm 左右的溃疡斑。小枝受害后往往枯死。病斑的形成过程有 2 种类型。水泡型溃疡病：在皮层表面形成直径约 1cm 的圆形小泡，泡内充满树液，破后有褐色带腥臭味的树液流出。水泡失水干瘪后，形成一个圆形稍下陷的枯斑。水泡型病斑只出现于幼树树干和光皮树种的枝干上。枯斑型溃疡病：先是树皮上出现数毫米大小的水浸状圆斑，稍隆起，手压有柔软感，后干缩成微陷的圆斑，黑褐色。

该病由病菌浸染引起，病菌主要以菌丝体在病组织内越冬，主要借风、雨传播。该病菌为弱寄生菌，凡是致使树木衰弱的条件，均是发病的原因，如树苗移植、春旱、春寒、风沙多、管理粗放、盐碱地等均易致病。

防治方法：加强抚育管理，及时间伐，通风、透光，改善林分卫生状况，促进生长，提高楝树对病害的抗御能力。春季干旱时，注意灌水，以增强树势，减少发病机会。及时伐除病死树和枯枝，并将它们烧毁。发病前（3 月上中旬）可用 65% 代森锰锌粉剂或 50% 甲基托布津粉剂 0.167%～0.2% 溶液喷雾树体，也可用利刀刮除病斑，再以 10% 食用碱水涂抹。秋季给树干涂白，防止灼伤和冻害；发病初期用 50% 多菌灵或 70% 甲基托布津 200 倍液涂抹病斑，涂前先用小刀将病组织划破或刮除老病皮。涂药 5 天后，再用 50～100mg/L 赤霉素涂于病斑周围，可促进产生愈合组织，阻止复发。

（2）红蜘蛛　危害苗木和幼树。其成虫、若虫、幼虫均在叶背面吸食汁液，在叶面上出现变色斑。红蜘蛛主要以卵或受精雌成螨在植物枝干裂缝、落叶以及根际周围浅土层土缝等处越冬。第二年春天气温回升，植物开始发芽生长时，越冬雌成螨开始活动危害。展叶以后转到叶片上危害，先在叶片背面主脉两侧危害，从若干个小群逐渐遍布整个叶片。发生量大时，在植株表面拉丝爬行，借风传播。一般情况下，在 5 月中旬达到盛发期，7～8 月是全年的发生高峰期，尤以 6 月下旬到 7 月上旬危害最为严重。常使全树叶片枯黄泛白。该螨完成一代平均需要 10～15 天，红蜘蛛一年发生 7～8 代，每年 3～4 月开始危害，6～7 月危害严重；因此在 4 月底以后。对植株要经常进行观察检查，在气温高、湿度大、通风不良的情况下，红蜘蛛繁殖极快，可造成严重损失。

防治方法：铲除越冬杂草，消灭虫源。红蜘蛛发生后，用 20% 三氯杀螨醇 2000 倍液喷雾，既能杀死成虫，又能杀死虫卵。也可用 73% g 螨特乳剂 3000 倍液或 40% 氧乐果乳油 1000 倍液喷雾。

第四篇　园林绿化良种

01　'蓝冰'柏

学　　名：*Cupressus funebris* 'Blue Ice'

类　　别：引种驯化品种

通过类别：审定

编　　号：豫 S-ETS-CF-037-2013

证书编号：豫林审证字 332 号

引 种 者：遂平名品花木园林有限公司

【品种特性】　国外引进品种。叶片四季呈现霜蓝色，不返绿。

【适宜种植范围】　河南省各地。

【栽培管理技术】

1. 繁殖方式

'蓝冰'柏主要繁殖方式是嫁接繁殖，也可用扦插繁殖。

（1）嫁接繁殖　采用 1~2 年生生长良好、根系发达的侧柏作砧木。在砧木距地面 5cm 以下的位置，用腹接法或枝接法进行嫁接。用塑料薄膜带扎紧。嫁接确定接穗成活后，应及时剪砧，并抹除砧木上的萌芽，以防止与接穗争抢水份，影响生长。充分愈合后，去掉塑料薄膜带。

（2）扦插繁殖　一般在每年 8 月进行。选用生长健壮，无病虫害的 3~4 年生枝条，剪成 10~15cm 长的插穗，枝条上应留 4~5 片叶片，插条下端浸泡生根粉溶液 1 小时，扦插深度为 3cm 左右。扦插后要及时覆膜搭建小拱棚，以保温保湿。如果扦插较晚，气温过高时，还要注意在生根前采取适当遮荫措施，给大棚通风降温。

2. 栽培管理

（1）造林地选择　宜选地形开阔、平坦，土壤耕性良好、质地疏松、肥沃、排水良好的地方。

（2）科学栽植　一般栽植时间以 3 月底 4 月初最佳。大苗栽植需带土球，移栽成活率高。栽植时随起随栽，若需长途运输，栽前应将苗根放入水中浸根，使其吸足水分，促进成活。

（3）浇水　种植完毕，应立即浇水，浇足浇透。以后视土壤干湿程度浇水，使土壤经常保持湿润状态。蓝冰柏怕涝，在栽培养护中应严格掌握这一原则，进入雨季后减少灌溉，并应注意排水防涝，做到内水不积，外水不侵入。这也是保证其成活率的重要举措。

（4）中耕除草　苗木生长期要及时除草松土，要做到"除早、除小、除了"。当表土板结影响幼苗生长时，要及时疏松表土，松土深度约1~2cm，宜在降雨或浇水后进行，注意不要碰伤苗木根系。

（5）施肥　苗木速生期结合灌溉进行追肥，一般全年追施硫酸铵2~3次，每次亩施硫酸铵4~6kg，在苗木速生前期追第1次，间隔半个月后再追施一次。也可用腐熟的人粪尿追施。每次追肥后必须及时浇水稀释，以防苗木烧伤。

（6）整形修剪　'蓝冰'柏树冠浓密，叶色霜蓝，适宜道路、公园、庭院绿化，因此应根据需要培养良好的树形。由于其树型为自然圆锥形，不需要过多修剪，有病虫枝、干枯枝时剪除即可。

【病虫害防治】　'蓝冰'柏的病虫害较少，虫害主要有红蜘蛛，发现后应及时喷洒1000~1500倍哒螨灵进行防治即可。

02　'金蝴蝶'构树

学　　名：*Broussonetia papyrifera* 'Jinhudie'
类　　别：优良品种
通过类别：审定
编　　号：豫 S-SV-BP-044-2015
证书编号：豫林审证字443号
选育者：河南名品彩叶苗木股份有限公司
【品种特性】　选育品种。叶片边缘金黄色，中部斑驳状绿色，色彩鲜艳。
【适宜种植范围】　河南省各地。
【栽培管理技术】　春秋栽植均可，生长迅速，应注意整形。由于其怕涝不耐水湿，低洼易涝地不宜栽植。栽培管理技术参照'红皮'构树。

03　'洛紫1号'牡丹

学　　名：*Paeonia suffruticosa* 'Luozi No. 1'
类　　别：优良品种
通过类别：审定
编　　号：豫 S-SV-PS-040-2013
证书编号：豫林审证字335号

选 育 者：洛阳国家牡丹园

【品种特性】 由紫斑牡丹实生苗选育。植株中等，半开张。种子平均千粒重为342g。生长势中，成花率高，分枝力中，结实能力强。

【适宜种植范围】 河南省各地。

【栽培管理技术】 栽前先剪掉断根和病根，然后用500～800倍的甲基托布津与700～900倍的甲基异硫磷乳油的混合液，浸泡牡丹根部15分钟，栽时将牡丹根挂泥条(药液和泥)。一般从定植后第2年开始，每年需追肥2～3次。施肥应结合浇水进行。生长期如遇到土壤干旱应及时浇水。雨季如遇积水，应及时挖沟排水，或挖出受害植株，剪去腐烂部分再行栽植。夏季浇水应在早晚进行，春季及初冬应在天气温暖时浇水。具体技术参考《河南林木良种(二)》(2013)'八千代椿'牡丹。

【病虫害防治】 夏季高温高湿，病虫危害较为严重，应及时防治。要坚持预防为主、防治结合的原则。

04 '洛凤1号'牡丹

学 名：_Paeonia suffruticosa_ ' Luofeng No. 1 '

类 别：优良品种

通过类别：审定

编 号：豫 S-SV-PS-041-2013

证书编号：豫林审证字336号

选 育 者：洛阳国家牡丹园

【品种特性】 由凤丹牡丹实苗生选育。植株高大，直立。花白色，单瓣型。雌雄蕊正常。种子平均千粒重为579g。长势强，成花率高，分枝力中，结实率高。

【适宜种植范围】 河南省各地。

【栽培管理技术】 同'洛紫1号'牡丹。具体技术参考《河南林木良种(二)》(2013)'八千代椿'牡丹。

05 '古都瑞雪'牡丹

学 名：_Paeonia suffruticosa_ ' Guduruixue '

类 别：优良品种

通过类别：审定

编　　号：豫 S-SV-PS-042-2014

证书编号：豫林审证字 388 号

选 育 者：洛阳国家牡丹园

【品种特性】　杂交品种。植株中等，半开张。花白色，菊花型。花瓣 6 ~ 8 轮，质地细腻，透亮。雌雄蕊正常。房衣、柱头红色。生长势强，成花率高，萌蘖枝多。

【适宜种植范围】　河南省各地。

【栽培管理技术】　不可栽植过深，以嫁接部位与地面平为宜，第 2 年春天 3 月上旬即可成活出土，一般成活率在 80% 以上。具体技术参考《河南林木良种（二）》（2013）'八千代椿'牡丹。

06　'吉星高照'牡丹

学　　名：*Paeonia suffruticosa* 'Jixinggaozhao'

类　　别：优良品种

通过类别：审定

编　　号：豫 S-SV-PS-043-2014

证书编号：豫林审证字 389 号

选 育 者：洛阳国家牡丹园

【品种特性】　杂交品种。植株中等，半开张。花红色，荷花型。花瓣宽大，质硬皱褶，端白，基墨紫色斑；雄蕊稍有瓣化，雌蕊多枚。花丝紫红色，房衣、柱头黄白色，中型圆叶，全叶长 30.5cm × 16.5cm。一年生枝长 31cm。生长势强，成花率高，花梗硬，适宜切花，分枝力强。观赏性好。

【适宜种植范围】　河南省各地。

【栽培管理技术】　见'古都瑞雪'牡丹。

07　'花好月圆'牡丹

学　　名：*Paeonia suffruticosa* 'Huahaoyueyuan'

类　　别：优良品种

通过类别：审定

编　　号：豫 S-SV-PS-044-2014

证书编号：豫林审证字 390 号

选 育 者：洛阳国家牡丹园

【品种特性】　杂交品种。花洋红色，菊花型。花瓣多轮，质柔润泽，排列紧密，基浅紫色斑。雌雄蕊正常，房衣黄白色。植株中等，半开张。中型长叶，全叶长35cm×32cm。一年生枝长28cm。生长势强，成花率高，分枝力强。

【适宜种植范围】　河南省各地。

【栽培管理技术】　见'古都瑞雪'牡丹。

08　'争艳'牡丹

学　　　名：*Paeonia suffruticosa* 'Zhengyan'

类　　　别：优良品种

通过类别：审定

编　　　号：豫 S-SV-PS-045-2014

证书编号：豫林审证字391号

选 育 者：洛阳国家牡丹园

【品种特性】　杂交品种。植株较矮，半开张。中型圆叶，全叶长 36.5cm×37cm。一年生枝长30.5cm。花粉红色，蔷薇型。花瓣质地薄软，基部具深色晕。雄蕊稍有瓣化，雌蕊稍变小。生长势强，成花率高，分枝力强。

【适宜种植范围】　河南省各地。

【栽培管理技术】　见'古都瑞雪'牡丹。

09　'艳后'牡丹

学　　　名：*Paeonia suffruticosa* 'Yanhou'

类　　　别：优良品种

通过类别：审定

编　　　号：豫 S-SV-PS-046-2014

证书编号：豫林审证字392号

选 育 者：洛阳国家牡丹园

【品种特性】　杂交品种。植株较高，半开张。中型圆叶，全叶长 39cm×32cm。叶背光滑，柄凹浅紫红色。叶尖失绿，叶缘下卷。一年生枝长29cm。花红色，菊花型。花瓣6～8轮，细腻有光泽，近花心处花瓣变小。雄蕊稍有瓣化。长势强，成花率高。

【适宜种植范围】　河南省各地。

【栽培管理技术】　见'古都瑞雪'牡丹。

10　'紫岚'牡丹

学　　　名：*Paeonia suffruticosa* 'Zilan'
类　　　别：优良品种
通过类别：审定
编　　　号：豫 S-SV-PS-047-2014
证书编号：豫林审证字 393 号
选 育 者：洛阳国家牡丹园

【品种特性】　杂交品种。植株较矮，半开张。中型长叶，全叶长 38cm × 26.5cm。一年生枝长 31cm。花墨紫红色，蔷薇型。花瓣质较硬，排列整齐，瓣基有墨色斑。雄蕊稍有瓣化，雌蕊变小。房衣、柱头白色，花丝紫红色。生长势强，成花率高。

【适宜种植范围】　河南省各地。

【栽培管理技术】　见'古都瑞雪'牡丹。

11　'梦境'牡丹

学　　　名：*Paeonia suffruticosa* 'Mengjing'
类　　　别：优良品种
通过类别：审定
编　　　号：豫 S-SV-PS-048-2014
证书编号：豫林审证字 394 号
选 育 者：洛阳国家牡丹园

【品种特性】　杂交品种。植株较矮，半开张。一年生枝长 27cm。花浅红色，荷花型。花瓣边缘多齿裂，瓣基有紫斑。雌雄蕊正常。房衣全包，柱头紫红色。生长势中，成花率高，分枝力强。

【适宜种植范围】　河南省各地。

【栽培管理技术】　见'古都瑞雪'牡丹。

12　'金光'牡丹

学　　　名：*Paeonia suffruticosa* 'Jinguang'
类　　　别：优良品种
通过类别：审定

编　　号：豫 S-SV-PS-049-2014

证书编号：豫林审证字 395 号

选 育 者：洛阳国家牡丹园

【品种特性】　杂交品种。植株中等，半开张。花紫色稍带蓝色，蔷薇型。花瓣质地较硬，层次分明，花瓣基部有紫红色斑。雌雄蕊正常。生长势强，成花率高，萌蘖枝多。

【适宜种植范围】　河南省各地。

【栽培管理技术】　见'古都瑞雪'牡丹。

13　'光彩'牡丹

学　　名：*Paeonia suffruticosa* 'Guangcai'

类　　别：优良品种

通过类别：审定

编　　号：豫 S-SV-PS-050-2014

证书编号：豫林审证字 396 号

选 育 者：洛阳国家牡丹园

【品种特性】　杂交品种。植株较高，直立。中型圆叶，全叶长 33.7cm × 34.2cm，叶子、叶柄、茎均为青绿色。一年生枝长 28.5cm。花赤红色，有光泽，荷花型。花瓣宽大平展，瓣端浅齿裂，花瓣边缘有明显白锦。雌雄蕊正常，花心红色。生长势强，分枝力中，成花率高。

【适宜种植范围】　河南省各地。

【栽培管理技术】　见'古都瑞雪'牡丹。

14　'粉扇'牡丹

学　　名：*Paeonia suffruticosa* 'Fenshan'

类　　别：优良品种

通过类别：审定

编　　号：豫 S-SV-PS-051-2014

证书编号：豫林审证字 397 号

选 育 者：洛阳国家牡丹园

【品种特性】　杂交品种。植株中等，半开张。中型长叶，全叶长 32.5cm × 22cm。一年生枝长 27cm。花粉色，菊花型。花瓣多轮，质硬，基深紫红色斑。雌雄蕊正常。房衣紫红色。生长势强，成花率高，分枝力强。

【适宜种植范围】　河南省各地。

【栽培管理技术】　见'古都瑞雪'牡丹。

15　'粉娥献媚'牡丹

学　　　名：*Paeonia suffruticosa* 'Fenexianmei'

类　　　别：优良品种

通过类别：审定

编　　　号：豫 S-SV-PS-047-2015

证书编号：豫林审证字 446 号

选 育 者：洛阳农林科学院

【品种特性】　杂交品种。中型长叶，叶色黄绿，叶脉清晰，顶小叶深裂或全裂。花粉白色，菊花型。花径 18cm×11cm，内瓣逐渐缩小。雌雄蕊正常。房衣紫色。直立型，长势强，分枝力差，萌蘖少，成花率高，花期晚。

【适宜种植范围】　河南省各地。

【栽培管理技术】　栽植地块施足底肥，深耕整平。生产催花用苗木，株行距以 70cm×70cm 为宜，生产观赏性苗木，株行距以 60cm×60cm 为宜，建造专类牡丹园，株行距以 80cm×80cm 或更大些为宜。栽植穴深浅以苗大小而定，一般深为 30~50cm，穴口直径为 18~24cm。栽植时，使根均匀舒展，勿弯曲，苗的根颈位置稍低于地平面 2cm 左右，将土填满、踏实，栽植后用松土将栽植穴封成一个土丘，土丘一般高出地面 15~20cm。具体技术参考《河南林木良种（二）》（2013）'八千代椿'牡丹。

16　'荷红探春'牡丹

学　　　名：*Paeonia suffruticosa* 'Hehongtanchun'

类　　　别：优良品种

通过类别：审定

编　　　号：豫 S-SV-PS-048-2015

证书编号：豫林审证字 447 号

选 育 者：洛阳农林科学院

【品种特性】　杂交品种。植株中型，小型圆叶，顶小叶中裂，叶黄绿色，叶面光滑，叶背有少量茸毛。花紫红色，荷花型。花径 12cm×5cm，花瓣润泽，质地硬。房衣紫红色。萌蘖力强，长势中等，特早花品种。

【适宜种植范围】　河南省各地。

【栽培管理技术】　同'粉娥献媚'牡丹。具体技术参考《河南林木良种（二）》(2013) '八千代椿'牡丹。

17　'礼花红'牡丹

学　　　名： *Paeonia suffruticosa* 'Lihuahong'

类　　　别： 优良品种

通过类别： 审定

编　　　号： 豫 S-SV-PS-049-2015

证书编号： 豫林审证字 448 号

选 育 者： 洛阳农林科学院

【品种特性】　杂交品种。直立型，中型长叶，叶黄绿色，叶片密集，边缘带红晕，顶小叶深裂或全裂，叶柄红色，叶片翻卷。花深紫红色，蔷薇型，有时台阁型，雄蕊部分瓣化，花径 18cm×12cm，心皮 5 枚。房衣紫红色。长势中等，萌蘖力强，成花率高，花期中晚。

【适宜种植范围】　河南省各地。

【栽培管理技术】　同'粉娥献媚'牡丹。具体技术参考《河南林木良种（二）》(2013) '八千代椿'牡丹。

18　'墨莲'牡丹

学　　　名： *Paeonia suffruticosa* 'Molian'

类　　　别： 优良品种

通过类别： 审定

编　　　号： 豫 S-SV-PS-050-2015

证书编号： 豫林审证字 449 号

选 育 者： 洛阳农林科学院

【品种特性】　杂交品种。植株中高，直立型。枝细硬，节间长，叶黄绿色，大型长叶。花墨紫色，单瓣型。花瓣 2~3 轮，花径 17cm×6cm，花瓣基部具黑斑，质地硬，润泽。雌雄蕊正常。花蕾长圆尖形；花朵直立，单朵花期长，耐日晒。生长势强。中花品种。

【适宜种植范围】　河南省各地。

【栽培管理技术】　同'粉娥献媚'牡丹。具体技术参考《河南林木良种（二）》(2013) '八千代椿'牡丹。

19　'桃花恋春'牡丹

学　　　名：*Paeonia suffruticosa* 'Taohualianchun'

类　　　别：优良品种

通过类别：审定

编　　　号：豫 S-SV-PS-051-2015

证书编号：豫林审证字 450 号

选 育 者：洛阳农林科学院

【品种特性】　杂交品种。叶片稀疏，叶深绿色，叶柄紫红色，中型长叶。花粉蓝色，蔷薇型。雌蕊正常。房衣粉色。雄蕊部分瓣化。长势中等，分枝力弱，萌蘖少，微开展。成花率高，晚花品种。

【适宜种植范围】　河南省各地。

【栽培管理技术】　同'粉娥献媚'牡丹。具体技术参考《河南林木良种（二）》（2013）'八千代椿'牡丹。

20　'烟云紫'牡丹

学　　　名：*Paeonia suffruticosa* 'Yanyunzi'

类　　　别：优良品种

通过类别：审定

编　　　号：豫 S-SV-PS-052-2015

证书编号：豫林审证字 451 号

选 育 者：洛阳农林科学院

【品种特性】　杂交品种。植株中高，直立型，中型长叶，叶绿色，叶片边缘翻卷，芽体紫红色。墨紫红色，蔷薇型或台阁型。花径 18cm×15cm，雄蕊离心式瓣化，柱头、花丝、房衣均为粉红色，花蕾圆尖。生长势中等，分枝力强，萌蘖多。成花率高，花期中晚。

【适宜种植范围】　河南省各地。

【栽培管理技术】　同'粉娥献媚'牡丹。具体技术参考《河南林木良种（二）》（2013）'八千代椿'牡丹。

21　'玉蝶群舞'牡丹

学　　　名：*Paeonia suffruticosa* 'Yudiequnwu'

类　　　别：优良品种

通过类别：审定

编　　　号：豫 S-SV-PS-053-2015

证书编号：豫林审证字 452 号

选 育 者：洛阳农林科学院

【品种特性】　杂交品种。植株高大、直立，中型长叶，叶黄绿色。花白色，荷花型。花瓣大，质地硬，花径 20cm×8cm。房衣紫色。生长势强，当年抽新枝达 40cm 以上，成花率高，侧芽易成花，分枝能力强，萌蘖少，花茎长，适合鲜切花或庭院栽植。中早花品种。

【适宜种植范围】　河南省各地。

【栽培管理技术】　同'粉娥献媚'牡丹。具体技术参考《河南林木良种（二）》（2013）'八千代椿'牡丹。

22　'雪海纳金'牡丹

学　　　名：*Paeonia suffruticosa* 'Xuehainajin'

类　　　别：优良品种

通过类别：认定（有效期 5 年）

编　　　号：豫 R-SV-PS-059-2015

证书编号：豫林审证字 458 号

选 育 者：洛阳农林科学院

【品种特性】　杂交品种。植株矮小，直立。小型圆叶，叶黄绿色，小叶先端中裂。花白色，荷花型。花瓣大而厚，花径 21cm×8cm，花蕾圆尖形。房衣浅紫色。花丝粉紫色。生长势中，分枝力中，萌蘖弱。花期中晚。

【适宜种植范围】　河南省各地。

【栽培管理技术】　同'粉娥献媚'牡丹。具体技术参考《河南林木良种（二）》（2013）'八千代椿'牡丹。

23 '紫霞'玉兰

学　　名： *Magnolia liliiflora* 'Zixia'

类　　别： 优良品种

通过类别： 审定

编　　号： 豫 S-SV-ML-032-2013

证书编号： 豫林审证字 327 号

选 育 者： 国家林业局泡桐研究开发中心、郑州绿林园林工程有限公司

【品种特性】　自然芽变选育品种。幼枝青绿色，具灰白色皮孔，在生长季节花开不断，随枝条生长不断进行花芽分化，每年盛花期 2 次，分别在 3~4 月和 6~8 月。

【适宜种植范围】　河南省各地。

【栽培管理技术】

1. 苗木繁育

'紫霞'玉兰可在春季、夏季和秋季进行嫁接繁育，砧木可用望春玉兰实生苗，嫁接成活率可达 90% 以上。也可进行扦插或压条方法培育成灌木型，但硬质扦插成活率低。可于夏季或秋季之间扦插育苗，选 1~2 年生粗壮嫩枝，取其中、下段截成 15~20cm 的插条，每段需有 2~3 个节位，上端平截，下端马耳型斜面，基部黏取 1BA 的吲哚乙酸，扦插生根率可达 50% 以上。压条选用一、二年生枝条，早春气温较低时可用堆土法或埋条法繁殖。

2. 栽培环境选择

'紫霞'玉兰喜光，幼树较耐阴，可种植在侧方挡光的环境下。如果种植于大树下或背阴处则生长不良，树形瘦小、枝条稀疏、叶片小而发黄、无花或花小。较耐寒，但不宜种植在风口处。喜肥沃、湿润、排水良好的微酸性土壤，也能在轻度盐碱土中正常生长。肉质根，怕积水，种植地势要高，在低洼处种植容易烂根而导致死亡。栽种地的土壤通透性要好，在沙壤土和黄沙土中生长最好。

3. 苗木起挖和栽植

一般在萌芽前 10~15 天或花刚谢而未展叶时移栽较为理想。起苗前 4~5 天要给苗浇一次透水，这样做不仅可以使植株吸收到充足的水分，利于栽种后成活，还利于挖苗时土壤成球。在挖掘时要尽量少伤根系，断根的伤口一定要平滑，以利于伤口愈合，土球直径应为苗木地径的 8~10 倍，土球高度是土球直径的 2/3。土球挖好后要用草绳捆好，防止在运输途中散坨。

栽种前要将树坑挖好，树坑宜大不宜小。树坑底土最好是熟化土壤，土壤

过黏或 pH 值、含盐量超标都应当进行客土或改土。栽培土通透性一定要好，土壤肥力一定要足，要能供给植株足够的养分。栽植深度可略高于原土球 2～3cm。大规格苗应及时搭设好支架，支架可用三角形支架，防止被风吹倾斜；种植完毕后，应立即浇水，3 天后浇二水，5 天后浇三水，三水后可进入正常管理。如果所种苗木带有花蕾，应将花蕾剪除，防止开花结果消耗大量养分而影响成活率。

4. 水肥管理

'紫霞'玉兰既不耐涝也不耐旱，在栽培养护中应严格遵循其"喜湿怕涝"这一原则，使土壤保持湿润。雨季在雨后要及时排水，防止因积水而导致烂根，此外还应该及时进行松土保墒。在连续高温干旱天气的情况下，在根部浇水的同时还应予以叶面喷水，喷水应注意雾化程度，雾化程度越高，效果越好，喷水时间以早 8:00 以前和晚 6:00 以后效果最好，中午光照强时不能进行。

'紫霞'玉兰喜肥，除在栽植时施用基肥外，每年都应施肥，肥料充足可使植株生长旺盛，叶片碧绿肥厚，不仅着蕾多，而且花大，花期长且芳香馥郁。施肥每年分 4 次进行，即花前施用一次氮、磷、钾复合肥，这次施肥不仅能提高开花质量，而且有利于春季生长；花后要施用一次氮肥，这次施肥可提高植株的生长量，扩大营养面积；在 7、8 月施用一次磷、钾复合肥，这次施肥可以促进花芽分化，提高新生枝条的木质化程度；入冬前结合浇冬水再施用一次腐熟发酵的圈肥，这次施肥不仅可以提高土壤的活性，而且还可有效提高地温。另外，当年种植的苗，如果长势不良可以用 0.2% 磷酸二氢钾溶液进行叶面喷施，能起到有效增强树势的作用。

5. 修剪

'紫霞'玉兰一般不需过多修剪，对于过高过长影响美观的枝条，可于花后刚展叶时剪短，因其伤愈能力差，剪后要涂硫磺粉防腐。花后应将残花带蒂剪掉，以便节约树体营养，更多地进行花芽分化。

6. 越冬管理

小规格苗木和当年栽种的植株都应加强越冬管理，除在 11 月中下旬其落叶后应浇足浇透封冻水外，还应对树坑进行覆草、覆膜或培土处理，树体可进行涂白处理，防止春季抽条。种植成活多年的大树，只进行浇防冻水和涂白处理即可。

【病虫害防治】

（1）炭疽病　主要危害玉兰的叶片。多从叶尖或叶缘开始产生不规则状病斑，或于叶片表面着生近圆形的病斑。病斑初期呈褐色水渍状，表面着生有黑色小颗粒，边缘有深褐色隆起线，与健康部位界限明显。炭疽病的病菌以菌丝体在树体上或落叶上越冬，翌年春天产生分生孢子，借风、雨水传播到植株上，孢子在水滴中萌发，侵入叶片组织，引起发病。夏季高温高湿期为发病高峰期。植株水肥管理不到位、通风不良、长势衰退时极容易发生此病。

防治方法：①加强水肥管理，增强树势，提高抗病能力；②及时清除病叶，秋末将落叶清除并集中进行烧毁；③如有发病可用75%百菌清可湿性颗粒800倍液或70%炭疽福美500倍液进行喷雾，每10天一次，连续喷3~4次可有效控制住病情。喷克菌、醚菌酯、阿米西大等对真菌引起的病害有特效。

（2）黄化病　首先表现为小叶褪绿，叶绿素逐渐减少，叶片呈黄色或淡黄色，叶脉处仍呈绿色，病情扩展后整个叶片变黄，进而逐渐变白，植株生长逐渐衰退，最终死亡。

防治方法：黄化病是一种生理性病害，主要因土壤过黏、pH值超标、铁元素供应不足而引起。可以用0.2%硫酸亚铁溶液灌根，也可用0.1%硫酸亚铁溶液进行叶片喷雾，并应多施用农家肥。

（3）叶片灼伤病　初期表现为植株的叶片焦边，此后叶片逐渐皱缩干枯，发病严重时新生叶片不能展开，叶片大量干枯并脱落。在立地条件差，如硬化面积大、绿地面积小；长时间高温、干旱、光照过强；土壤碱化或花量过大等情况下经常发生此病。

防治方法：增加浇水次数，保持土壤湿润；多施有机肥，增强树势，提高植株的抗性；对树体进行涂白或缠干。

（4）袋蛾　初孵幼虫觅食叶片，造成叶片呈不规则的孔洞，影响光合作用。

防治方法：冬季人工摘袋囊；在孵化盛期和幼龄阶段，于傍晚喷洒敌百虫或50%马拉松乳剂100倍液。

24　'宛丰'望春玉兰

学　　名： *Magnolia biondii* 'Wanfeng'

类　　别： 优良品种

通过类别： 审定

编　　号： 豫 S-SV-MB-033-2013

证书编号： 豫林审证字328号

选 育 者： 南阳市林业技术推广站

【品种特性】　自然芽变选育品种。该品种除花芽顶生和腋生外，且一年生枝条上端节间很短，多形成3~4个紧密排列且无叶片的花蕾。一年生枝最多可形成9个花蕾，产蕾量多且早。

【适宜种植范围】　河南省伏牛山区、大别山区、桐柏山区海拔1600m以下的山区、平原。

【栽培管理技术】

1. 苗木培育

（1）种子的采集与处理 选择生长迅速、发育健壮、树冠宽大、结实层厚、透光良好、成蕾早、籽粒饱满、无病虫害、30～100年生的壮龄母树，于8月下旬至9月中旬聚合果由绿色变为红褐色，且大部分开裂、露出鲜红色种皮时及时采摘。聚合果采收后，及时置于通风干燥处晾晒，待全部开裂后取出种子。种子取出后堆放1～2天，待假种皮变软后放入筛内，一边揉搓，一边用清水冲洗，除去拟假种皮。再用草木灰水浸泡、揉搓，除去种皮表面油脂，放在通风处阴干。切忌阳光下曝晒，以免影响发芽率。

（2）种子贮藏 望春玉兰种子富含油脂，且含水量高。如贮藏方法不当，容易造成失水和油脂挥发而丧失发芽能力。因此，经过处理的种子应及时进行贮藏，以完成种子的后熟过程。种子贮藏的时间以10月上旬为宜。

● 沙藏：选择背阴高燥、排水良好、管理方便、无鼠害的地方挖坑。深70～80cm，宽60cm，长度视种子的多少而定。坑底铺一层10～20cm厚的砖或粗沙，以利排水。将种沙按1∶3～5混合堆放在坑内，堆到离坑沿20cm为止。坑的最上面覆以沙子、稻草等物，高出地面。周围挖好排水沟。如遇雨雪天气，可在上边用塑料薄膜覆盖好，天晴后撤掉。贮藏用沙含水量7%为宜，最高不超过10%。温度控制在0～7℃，可用增加或减少坑上的覆盖物和设荫棚等方法调节温度。坑中间每隔1m距离插一束秸秆把，以利种子呼吸和散热。贮藏期间每隔10～15天检查一次，发现问题及时处理。

● 室内堆藏：选择空气流通、阳光直射不到的房间或种子库等处，在地表靠墙壁用砖或木板根据种量建池，高度30～40cm。先在池底部洒水少许，铺一层10cm厚湿沙，沙的湿度仍为7%～10%。把按1∶3～5拌好的种沙摊于池内，池的内周要有10cm厚的纯沙，避免种子与池壁接触。种子放至距池面10cm时，上边覆盖一层湿沙，并用湿润麻袋盖好。种子要经常翻动，不能过干或过湿。采用此法贮藏，一般春节后不用催芽处理，播种时1/3的种子可露白。

（3）阳池育苗

● 阳池苗床的建造：采用阳池育苗，不但能节省种子，还利于采光、增温、保温，便于育苗作业和精心管理，苗木的数量和质量也能得到保证。选择背风向阳、地势高燥的地块建床。床宽13m，东西长10～12m，苗床的北沿筑60cm高的土墙，东西侧墙铲成北高南低的斜坡，南沿至20cm高埂，床与床之间留1m宽的步道和排水沟。播前10～15天整理好床面，先将床土反复翻晒风干。

● 营养土的配制：将充分腐熟的牛粪或锯末等轻质疏松有机肥过筛，拌入细沙、园土（比例为4∶3∶3），每床施入三元复合肥和尿素各1kg、3%的呋喃丹颗粒剂150g，随床土混合均匀，再用硫酸亚铁或敌克松加五氯酚钠各半，释稀成 500 倍液喷匀，即配成肥沃、疏松、无病虫危害的营养床土。

● 播种与覆盖：将配好的营养土堆于床内搂平，厚度 15cm。浇透水，待水下渗后重新搂平，便可播种。把沙藏处理的种子筛除沙子，并用清水淘净晾干，按每床 4~5kg 的量，以 3cm×3cm 的等距摆于床面，再覆 2cm 厚的营养土，用木板轻轻刮平。

随即将木椽或竹杆架好，盖好塑料薄膜，用泥封严，以利增温、保墒和防止遇风吹开塑膜，随后床上覆盖草苫即可。

● 苗床管理：从播种到出苗约 60 天。在此期间，每天 9：00 将草苫揭开，下午 16：00 盖严压牢。无论晴天或雨雪天气，坚持早揭晚盖。经常抖掉膜内水珠，及时清除床面积雪和污垢，保证苗床透光，提高床内温度，降低昼夜温差。维持白天床内温度 20~26℃，夜间 10~15℃。要及时排除积水，防止雨水渗入床内，影响幼苗生长。

幼苗出齐到长出 2~3 片真叶后移植出床，约 60 多天。在此期间，苗床管理主要是通风换气、调节温度、补充水肥、增加光照、拔除杂草和防治病害。白天将塑膜从床下部先揭开几个风口通风进气，夜间把风口压住，盖好草苫。随着天气的变暖逐渐自下而上、由小到大增加放风量。幼苗移栽出床前应提前 10 天左右进行全天露天炼苗。苗床水分不足时，要适量浇水，浇水要在无风晴暖的午间进行，并清除床内杂草，追施适量速效氮肥或叶面喷施磷酸二氢钾，喷施"广枯灵"或甲基托布津等农药，预防苗期病害。

● 幼苗移栽：起苗前 1~2 天，若天气干燥，床土要浇透水。起苗时，为不破坏根系，用齐头方锨，从床面一侧插入，将床土连同幼苗端起，顺势稍用力抛出，平落床外空地上，这样苗土松散分离。将幼苗捡起，分级定植。若苗床密度小时，切块带土移植，效果更佳。

定植时，以行距划线，顺线提沟，沟要平直，深浅一致，或按所需株距，用小铲挖穴。将幼苗放正，根系舒展，埋入土 1~2cm，用手将土封严挤紧，然后浇水。幼苗定植后，若降雨，则不需浇水，如果气候干燥，5~10 天浇一次透水，并结合浇水追施尿素。

(4) 直播育苗

● 整地：望春玉兰属肉质根，幼苗怕旱、怕涝。育苗地应选择地势平坦、土层深厚、疏松肥沃、排灌方便、地下水位在 15m 以下的沙壤土或壤土。播种前应将圃地深犁细耙，施足底肥。施肥量每亩有机肥 3000kg，碳铵 75kg，氯化钾 10~15kg。苗床应采用垄作方式。床面宽 60cm，沟宽 20cm，高 10~15cm，长 10~15m。

● 播种：于 3 月中、下旬采用条状摆播法。播种时按行距 40cm，每床双行，开深 3cm、宽 5cm 的播种沟，沟底要平，深浅一致。沟内浇水，待水下渗后，按株距 10cm 左右，将露白的种子摆入沟内。随即用 40% 多菌灵 500 倍液，顺沟喷施作土壤灭菌处理。然后覆细沙土或疏松粪土，力求厚度一致。

● 地膜及稻草覆盖：顺播种沟边盖膜，边用潮土将地膜两边压实。种子出苗，发现幼苗将要透出时，马上将地膜撤除，随即用稻草、麦秸等覆盖床面。覆草不宜太厚，以土面为宜。苗出齐后，要分期分批将苗垄盖草除去，顺便放于苗行中间，起到增温保墒、防止杂草出土的作用。

● 田间管理：根据圃地情况确定留苗密度，每亩 10 万~13 万株为宜。间苗时，要去小留大，去弱留壮，适当多留一些苗木作为损耗备用。

幼苗生长迅速，8 月以前要适当灌水，保持床面湿润。避免大水漫灌，造成床面板结、龟裂。8 月上旬至 9 月下旬，天气干旱时应及时灌水，一般 10~15 天一次。浇水前，每亩追施尿素 50~75kg。雨后，应及时排除积水。生长后期，停止灌溉和施用氮肥。叶面喷施 0.1%~0.3% 磷酸二氢钾，提高木质化程度。封冻前 10 天，灌一次封冻水。

（5）嫁接育苗

● 选择接穗：选择品质优良纯正、现蕾早、产量高的腋花望春玉兰、猴掌望春玉兰和桃实望春玉兰等品种的成龄植株的枝条作接穗。接穗应选自树冠外围当年生已木质化的健壮发育枝中部含饱满芽的。剪取的芽条应立即除去叶片，仅留叶柄。最好随采随接。如一时不能接完，可用蜡封好断口，用塑料薄膜或稍湿净河沙等保湿冷贮备用。

● 嫁接时间：当年生的望春玉兰实生苗，嫁接的最佳期为 8 月下旬至 9 月下旬，以白天平均气温 22~26℃，湿度 70%~80% 为好。天气晴朗、无风或微风，成活率最高。

● 嫁接方法：望春玉兰枝条髓心较大，宜采用带木质芽接法（嵌芽法）。在距叶柄基部 0.3~0.5cm 处剪去叶柄，从芽的上方向下竖削一刀，稍带木质部，长 15~20cm，然后在芽的下方约呈 45°角度斜切一刀，深达木质部，取下芽片。在砧木选定的高度（约 10cm）削接口，削法与削接芽相同，从上而下稍带木质部，削成与接芽长宽相等的切面，将接芽插入砧木接口，形成层对齐、贴紧，切口上端稍露白。用塑料条自下而上每圈重叠 1/3 适度绑紧，露出接芽即可。

● 嫁接后的管理：嫁接后，如果气候干燥，及时浇水，芽接后 7~15 天即可检查是否成活。若未成活，应抓紧补接。次年春季发芽前，在距接芽上方 0.5~1cm 处将砧木剪去，并将塑料带解除。以后将砧木上萌发的芽及时抹去，一般需 3~4 次。以后要及时做好浇水、施肥、中耕除草、防病治虫、排除积水。经过 1 年的抚育管理，年底即可育成高 2m 左右、茎粗 1.5cm 左右的健壮植株。

2. 造林

（1）园地选择　造林地应选择背风向阳、排水良好、土壤肥沃、坡度较缓的山脚、谷底、村旁、地边及山坡中下部的中性或微酸性沙壤土。适宜栽植该树种的指示植物有麻栎、栓皮栎、猕猴桃及蕨类植物等。

望春玉兰造林密度应依造林地条件而定。一般情况下，造林株行距应为 5m×6m 或 4m×5m，每亩栽植 22 株或 33 株，造林苗木应用一年生实生苗或一年生良种嫁接苗，苗木高度 80cm 以上，地径 1cm 以上。

（2）整地栽植　土壤肥沃、杂草较少的造林地最好是秋、冬整地，翌年春栽植；土质较硬，石砾较多，肥力较差的造林地应在伏天整地，蓄水淤土，提高肥力。栽植方式多采用等高栽植，方法采用单株造林。栽植时期，在土壤湿润、气候温暖地方，秋季栽植比春季栽植成活率高，翌年生长壮。挖穴规格 1m×1m×1m，栽植前应在穴内施入优质农家肥 25~50kg，尿素 0.25kg，钙镁磷肥 1kg 并与穴内土壤混合均匀，按常规方法栽植，栽植深度以苗木在苗圃地时的原土痕为宜，然后踏实，浇足定植水，待水渗完后，封细土保墒。栽后萌芽前留 1m 左右及时定干。栽后当年或次年侧芽萌发后尚未木质化前，还应注意抹除过多侧芽，选留中上部 5~7 个芽，培养主枝和辅养枝，其余全部抹除。

【病虫害防治】

（1）立枯病　主要危害幼苗。感染幼芽或幼苗多从地表下发病，逐渐使幼苗干枯死亡。幼苗出土前，由病菌侵入幼嫩组织，当高温高湿时，发病严重，常引起幼苗大量死亡。

防治方法：①合理轮作、综合防治。育苗时要合理轮作。苗木密度要适中，不能过密。要高床侧灌，及时排水。②发病前或发病期，每 10~15 天，喷 1 次 1:1:140 倍波尔多液，若晴天土干，可淋洒 50% 可湿性退菌特 1000 倍液，或 25% 的多菌灵、代森锌、福美双、克菌丹 500 溶液，或 0.5% 的硫酸亚铁溶液，进行预防或抑制病菌蔓延，黑矾以淋湿土壤为度，并立即喷清水洗苗。若土壤湿度大时，可试用草木灰、石灰粉（8:2）撒布床面，还可用每亩敌克松 1~1.5kg、硫酸亚铁 30~40kg 混于 30~40 倍于细土中，撒于苗床消毒。

（2）根腐病　主要有圆斑根腐病、根朽病、白绢病、紫纹羽病、白纹羽病等。

防治方法：①封锁隔离：即在病区或病株周围挖 1m 以上深沟加以封锁，阻隔菌索向四周蔓延扩展。②刮治病根：扒开根部周围土壤，彻底刮除病部，切除烂根，外涂伤口保护剂如煤焦油、波尔多液等，刮除或切除的病部及周边扒出的土壤要清除园外，并进行土壤消毒。对病情严重将要死亡或已经死亡的树，应尽早掘除销毁，并撒施石灰水，消毒穴土。刮治病根后，可选用以下药剂消毒土壤：甲基托布津 1000 倍液，每株大树 30~50kg；1 波美度石硫合剂，每株 50~75kg；100~200 倍硫酸铜（蓝矾），每株 50~75kg；500 倍代森铵，250~300 倍退菌特，10%~20% 的石灰乳浇灌根部土壤。③扒土晾根：于春秋季节，扒开根部土壤，刮除病根，经晾晒1~2周后，每株掺入5~10kg草木灰封好，1、2月发新根，1、2年恢复树势。

（3）干腐病　枝干受病后，皮层呈褐色腐烂，逐渐向里使木质腐朽。初无明显病症。感病严重时，使大树上枝干逐渐枯死，春秋两季为发病高峰。

防治方法：①结合冬剪对树干上的病枯枝、枯桩、死树、病癣彻底清出园外，特别是新烂剪口和2~3年生病枝，要随见随除。而且修枝时，不留枝桩，伤口要平滑，并在伤口涂防腐剂。春季发芽前，对重病区全园大枝和主干喷一次铲除剂。②春秋发病高峰期，经常检查发现病斑及时彻底刮除，刮到周围3~5mm宽的好皮，刮后涂药1~2次消毒并保护伤口。也可用利刀纵横划切病皮数道，每道间隔3~5mm，深达木质部，宽至好皮5mm处，然后均匀涂药消毒。常用药剂"农抗120"20~30倍；菌毒清50倍；灭腐灵20倍；腐必清油剂原液或乳液2~5倍；5~10波美度石硫合剂；3%的培福朗糊剂。③可将鲜牛粪与黏土和成稀泥，敷在病斑外面，厚度3~5cm，宽至病斑边缘5~6cm，敷后用塑料薄膜捆紧保湿，防止泥土脱落，经1年左右去掉，也有较好效果。

（4）砂皮球蚧　一年发生2代，以若虫越冬，翌年5、6月间发生第一代，8、9月发生第二代。孵化后，幼虫脱离母体危害叶及枝条，多在3年生以下嫩枝上危害。其分泌物，能诱发煤烟病。

防治方法：幼蚧发生期每隔15天喷药1次，连续2~3次，可用40%氧乐果800~1000倍液，25%亚胺硫磷500~800倍液，50%磷铵500倍液。

（5）龟蜡蚧　一年发生1代，以受精雌虫越冬，5~6月产卵，6~7月孵化为幼虫，9月间雄虫羽化。雄虫交尾后即死。雌虫多寄生于新梢上，林木被寄生后，常引起煤烟病。

防治方法：6~7月间喷药，应用药剂参考砂皮球蚧防治方法。

25　'粉荷'星花玉兰

学　　　名：*Magnolia stellata* 'Fenhe'

类　　　别：优良品种

通过类别：审定

编　　　号：豫S-SV-MS-039-2015

证书编号：豫林审证字438号

选　育　者：镇平县苗圃场

【品种特性】　芽变品种。花瓣形如荷花，色泽艳丽。整个生长季节花芽分化不断花期较长。成蕾年龄早，适应性强。花期2月中旬至3月上旬。

【适宜种植范围】　河南省玉兰适生区。

【栽培管理技术】

1. 壮苗培育

（1）种子采集与处理　选择生长迅速、发育健壮、树冠宽大、花型雍容华贵、透光良好、成蕾年龄早、品质好、质量高、籽粒饱满、无病虫害、无风害、无冻害的'粉荷'星花玉兰壮龄母树，于8月下旬至9月中旬聚合果由绿色变为红褐色，且蓇葖果大部分开裂，露出鲜红色的假种皮时及时采收。聚合果采收后，应及时放在通风、干燥处晾晒，待全部蓇葖果开裂后取出种子。种子取出后，堆放1~2天，待假种皮变软后放入筛内，一边揉搓，一边用清水冲洗除去假种皮，再用草木灰水浸泡、揉搓，除去种皮表面油脂后置通风处阴干。

（2）种子贮藏　由于'粉荷'星花玉兰种子含有油质，在高温条件下容易失水致使油脂浸入胚芽而丧失发芽能力。因此，经过处理的种子应及时进行贮藏，才能保证种子有较高的发芽能力。贮藏方法通常有层积沙藏和干藏2种。

● 层积沙藏：选择在背风阴凉、地势高、排水好、无鼠害的地方挖坑。坑深70~80cm，宽60cm，坑的长度视种子多少而定。坑底铺湿润的细沙10cm，沙的湿度以手握成团，松开即散为度，沙上放入混有湿润的细沙的种子（沙种比例为3~5:1），中间插一束秸秆，把种子放在离地表20cm处，覆沙盖土，高出地面，四周挖排水沟，以防积水。种子入坑后，每隔10~15天翻动、检查一次，以防坑内细沙过干或过湿和种子霉变。春节后，应按上法在背风向阳处挖浅坑层积，并用塑料布覆盖催芽。

● 干藏：将阴干的种子，装入袋内悬挂或放在木箱、瓷罐等容器内，置于室内阴凉、干燥处。次年春天育苗前1个月左右再进行催芽处理。采用浅坑（深30cm）阳畦塑模拱棚催芽，种子先浸泡2昼夜（每12小时换一次水），晾干后入池，上午10:00揭膜通风，下午16:00盖严，待有1/3胚芽露白后即可分期分批挑选播种。

（3）播种育苗：采用大田直播育苗和阳池育苗2种方法。

● 大田直播育苗：3月上中旬，将已施底肥并经过深耕的圃地整畦作高床，床面宽60cm，长10m（视具体情况而定）。沟宽、高各20cm。按行距40cm进行条播，开深3cm、宽5cm的播种沟，沟内浇水，待水渗完后，按株距10cm左右，将经过催芽处理、萌芽露白的种子摆放沟内，覆细土2cm，用稻草覆盖保墒。生长季节加强肥水管理，每次灌水前每亩施5~7.5kg尿素。生长后期即苗木高生长显著下降至秋末落叶为止，停止灌溉和施氮肥，叶面喷施0.1%~0.3%的磷酸二氢钾，以提高木质化程度。12月上旬前后，灌水越冬，严防苗木冻害。同时，应加强管护，防止人畜危害。

● 阳池育苗：要经过阳池建造、作床播种、盖膜增温、阳池管理和芽苗移栽5个步骤。①阳池建造："立春"前，选择背风向阳处，按东西走向挖宽

120cm，深 60cm，长度依种子量而定的阳池。四周筑墙，南墙高 20cm，北墙高 60cm，两侧墙北高南低成斜坡状。②做床播种：先在池底铺细沙土 20cm，每平方米施硫酸亚铁 50g。浇足底水后将种子撒播于床面上。种间距 1cm 左右。其上覆细沙土 2cm，再以稻草或麦糠覆盖，厚度不超过 3cm。③盖膜增温：南北向放置棚杆，杆间距 30～40cm，覆塑料薄膜，四周压实、封严，膜上覆草帘。④阳池管理：晴天的 10：00～16：00 将草揭开，以利于阳光照射增温。无阳光的时间必须覆盖草帘。控制池内温度，不得超过 25℃。3 月中旬以后要及时观察池内温度。如果池温过高，必须将塑料棚两端揭开通风降温，以防烧苗。⑤芽苗移栽：4 月上中旬，当幼苗长出 1～2 片真叶时，即可往大田移栽。移栽前炼苗 1～2 天。移苗时要随移随栽，同时避免伤根。大田株行距10cm×40cm。

（4）苗木嫁接

● 接穗：选择生长健壮的'粉荷'星花玉兰母树树冠外围一年生中、长枝，以中部饱满芽为好，枝条粗细应尽量与砧木相适应，剪取的芽条应立即除去叶片，仅留叶柄，最好随采随接。

● 砧木：对地径达 1～1.5cm 的望春玉兰实生苗，摘除部分叶片，形成通风透光的条件，利于嫁接进行和嫁接后伤口愈合。

● 嫁接时期与方法：在 8 月下旬至 9 月下旬进行，采用"嵌芽法"（带木质芽接法）嫁接。

2. 定植造林

（1）选地整地　选择背风向阳、排水良好、土壤肥沃、坡度较缓的中性或微酸性土壤。建园前应根据地形特点进行整地，整地方法以局部整地为主，一般采用穴状整地。

（2）栽植　秋季、冬季、春季均可栽植。栽植密度 44～56 株/亩。栽植穴 70cm×70cm×70cm，施足基肥。造林苗木用 1～2 年生实生苗或 1 年生嫁接苗，苗木高度 80cm 以上，地径 1cm 以上。栽植深度以超出苗木原地迹 3～5cm 为宜，栽后踏实，浇足定植水，待水渗完后，封土保墒。

（3）栽后抚育　抚育是提高成活率、促进生长、及早成蕾的关键措施。包括定干、抹芽、嫁接、灌溉、除草等项内容。①及时定干，栽后萌芽前留 1m 左右及时定干；②及时抹芽。栽后当年或次年侧芽萌发后尚未木质化前，应注意抹除过多侧芽，选留中上部 5～7 个芽，培养主枝和辅养枝，其余全部抹除；③及时嫁接，对栽植的实生苗和劣质的品种苗应及时进行嫁接，改成优良品种，嫁接时间一般在 9 月份，采用带木质部芽接，次春剪砧解绑；④及时灌溉，有条件的地方应根据墒情及时灌溉，没有灌溉条件的地方，可采用树盘覆草、松土等方法保墒；⑤及时中耕除草。栽植前 3 年一般每年中耕除草 2～3 次，以不影响树木生长为标准；⑥以耕代抚，对于造林地属于平地、缓坡，土壤又比较肥沃的地方，可在幼树成蕾前进行间作，可以以耕代抚，但不能影响幼树生长。

3. 土肥水管理

（1）土壤管理　生长季节适时中耕除草，也可实行绿肥种植和园地间作。带状整地的园区也可采用树盘覆草（以夏初5、6月份、秋季9、10月份为最好）和行间覆地膜（早春3月下雨后及时铺上）等措施来改善土壤水肥状况。秋季宜进行扩穴深翻（可与秋施基肥结合）。

（2）施肥　施肥原则以有机肥为主。

● 基肥施肥时间和方法：①施肥时间：每年秋季（9月下旬至10月上旬）施足基肥一次，以农家肥为主，也可加入落叶杂草。②株施量：10年生以下幼树50kg/株，10年生以上初药树100kg/株，50年生以上盛蕾期大树150kg/株以上。③施肥方法：幼树沿树冠外围环沟或条沟施入（沟深、宽各40cm），大树可全园撒施，施后翻耕25cm左右。

● 追肥时间和方法：①萌芽前追肥：2月上、中旬，早春萌芽前追施氮肥一次。20年生以下每株追施尿素1~1.5kg，20年生以上每株施尿素2~2.5kg。②花芽分化前追肥：4月下旬至5月上旬花芽分化前，每株再追肥一次硝酸磷或磷酸二铵1~2kg。③追肥方法：小树沟施，大树撒施，深度25~30cm。

（3）灌溉保墒　'粉荷'星花玉兰生长结蕾要求土壤绝对含水量在20%~30%之间为宜。

● 有灌溉条件的，生长季节根据土壤墒情浇水2~3次，也可采用滴灌等技术。

● 无灌溉条件的，应用覆膜、覆草等抗旱技术，还可引进试用抗蒸剂，如早春3~4月树冠喷洒600~1000倍旱地龙和土壤保水剂（每亩5kg洒于根际土壤中与土混合均匀）等新技术。

● 注意园地排水，防止积水，保持排水畅通。

4. 整形修剪

（1）修剪时期　冬剪和夏剪。冬剪在落叶后至萌芽前进行，夏剪在生长季节进行。

（2）修剪方法　主要有短截（轻短剪、中短剪、重短剪和重短剪）、疏剪、缩剪、甩放、环剥与环割、拉枝开角等基本方法。

（3）整形　'粉荷'星花玉兰干性不强、层性不明显、分枝角度大、营养生长中庸，宜采用自然丛状树形或高接成卵圆形树形。干高80cm，主枝角度为70°~80°。树高应控制在3.5~4m为宜。

（4）合理修剪　①短截。所有花枝均应中短截，剪截长度以中截为主，以减去枝条的1/2为宜，促发中长枝。叶丛枝可重截，刺激萌发长壮枝条结蕾。②疏剪。疏除下垂枝、内膛的细密枝。培养长壮枝，以复壮内膛，立体结蕾。

③缩剪。回缩老树上的骨干枝，刺激隐芽萌发，充实内膛。复壮树势，连续开花2～3年后的枝组也要回缩更新，降低花位。④花枝修剪。11～12月的秋冬采蕾，实际上也是一种花枝修剪，应按照花枝重掐原则，即在最下一个花蕾下面叶芽上1cm处采下，产区的经验是花蕾结到哪里就截到哪里，从而达到花枝修剪的效果。

5. 药用花蕾采收与贮藏

（1）花蕾采收　最佳采收期是树木落叶后的11月初至12月底（若采收过早，有效物质尚未充分形成，产量低，质量差；若采收过晚，花芽结构松软，苞片容易脱落，有效成分降低）。采蕾方法是从最下一个花蕾下2～3cm处，将有花蕾的枝条全部采下，在树下或室内摘蕾。

（2）加工贮藏　花蕾采收后，应拣除混入的枝段及其他杂物，放通风处晾晒，或室内阴干。待花蕾七成干时，将其拢堆发汗一昼夜，再摊开晾至完全干燥，即是"辛夷"成品。切忌曝晒。晾干后密封包装，置阴凉干燥处贮藏，经常检查，防止霉变。

26 '白玉'含笑

学　　名： *Michelia platypetala* 'Baiyu'

类　　别： 优良品种

通过类别： 审定

编　　号： 豫 S-SV-MP-031-2013

证书编号： 豫林审证字 326 号

选育者： 国家林业局泡桐研究开发中心、郑州绿林园林工程有限公司

【品种特性】　实生苗选育品种。常绿阔叶观花树种。花期春、夏各一次，长达4个月，花大而繁多，簇立枝头，美如白玉，芳香醉人。抗寒性强。

【适宜种植范围】　河南省各地。

【栽培管理技术】

1. 苗木培育

'白玉'含笑在北方常做盆栽。可用扦插、高压法和嫁接法等方式繁殖。

（1）扦插繁殖　夏季取2年生枝条剪成10cm长，保留先端2～3片叶，插于经过消毒的偏酸性沙壤中，上盖玻璃置于阴处，经常喷水保持插箱内湿度，约40～50天可生根，于翌春移植。

（2）高压法繁殖　高压繁殖前选取发育良好、组织充实健壮的2年生枝条，在枝条的适当部位做宽0.5cm的环剥，深达木质部，用湿润苔藓植物敷于环剥部位，用塑料膜包在外面，上下扎紧，约2个月生根。待新根充分发育后，剪

下压条上盆栽培，栽培后要浇透水，以后每天浇水一次或不浇。当新梢长有7cm左右时开始施肥。

（3）嫁接繁殖　北方地区需春季采用带顶芽的接穗嫁接到望春玉兰上，以适应碱性土壤，当年苗高可达70cm。

2. 栽培管理

（1）浇水　平时要保持盆土湿润，但决不宜过湿。因其根部多位肉质，如浇水太多或雨后盆涝会造成烂根，故阴雨季节要注意控制湿度。生长期和开花前需较多水分，每天浇水一次；夏季高温天气可往叶面喷水，以保持一定空气湿度。秋季冬季因日照偏短每周浇水1~2次即可。

（2）施肥　'白玉'含笑喜肥，多用腐熟饼肥、骨粉、鸡鸭粪和鱼肚肠等沤肥掺水施用，在生长季节（4~9月）每隔15天左右施一次肥，开花期和10月份以后停止施肥。若发现叶色不明亮浓绿，可施一次巩肥水。

（3）修剪　'白玉'含笑不宜过度修剪，平时可在花后将影响树形的徒长枝、病弱枝和过密重叠枝进行修剪，并剪去花后果实，减少养分消耗。春季萌芽前，适当疏去一些老叶，以触发新枝叶。

（4）翻盆　每1~2年翻盆一次，宜在每年春季新叶放出前，或在开花后进行，在秋季进行亦可。结合换盆去除适当部分结板旧土，换以肥沃疏松的培养土，剪去枯枝以及过长老根，在盆底放置足量基肥。

（5）冬季养护　北方盆栽含笑需在室内越冬，其养护有以下几点。

● 温度：'白玉'含笑越冬的最低温度不低于5℃，一旦温度低于5℃，植株正常的生理活动就会受到影响，根的吸收能力会减弱，会使植株的嫩枝与叶片萎蔫。同时，最高温度不能超过15℃，若温度过高，植株内部养分消耗过多，对翌年生长不利。因此，含笑冬季以保持室温在5~15℃为宜。

● 湿度：含笑性喜湿润的环境，干燥的空气不利其生长。冬季一般要求其相对湿度为65%以上，空气干燥时，可用喷雾器喷洒地面和植株叶面，以增加空气湿度，但所喷洒水的温度与室温不要相差太大，切忌使用冷凉水。

● 浇水：'白玉'含笑根属肉质根，故冬季浇水太多，会造成根部腐烂或引起病虫害，一般每周浇水一次即可。浇水前，要使水温、室温、土温都相差无几，浇水时间宜选在中午气温较高时进行。早晚气温较低不宜浇水，以免温度骤变冻伤根部。

● 通风：霜降时节含笑入室后，要保持室内空气新鲜，若通风不良，容易受蚜虫、介壳虫等害虫的危害。如果放置在冬季有煤炭取暖的温室内，大量的一氧化碳、二氧化硫等有害气体，会使植株产生中毒。因此，晴天无风的中午要开窗通风、透光。

● 施肥：北方栽培的'白玉'含笑，冬季处于休眠或半休眠状态，需肥量都不大，应适当施一次有机肥为主的基肥，以利于含笑来年开花。

【病虫害防治】

（1）病害防治　含笑的常见病害有叶枯病、炭疽病、藻斑病、煤污病等，这些病均危害叶片，不利于含笑生长。发生病害时，都应立即摘除病叶并烧毁，然后喷洒相应的药剂防止蔓延。

防治方法：①预防叶枯病，可在初春每隔 15 天左右喷洒一次 0.3% 的石硫合剂；发病后可用 65% 代森锌可湿性粉剂 500~600 倍液进行喷雾防治。②防止炭疽病、藻斑病，首先要加强肥、水管理，预防藻斑病，还要适当增施磷、钾肥，使植株生长健壮，以提高抗害能力；发病期都可用 0.5% 波尔多液或 5% 百菌清可湿性粉剂 600~750 倍液喷雾，每 10 天左右喷 1 次。③防治煤污病，在清理病残叶时；应先以除虫为主。在病虫害较轻时，可用清水洗刷，并注意适当通风透光。病害较重时，可使用 50% 退菌特可湿性粉 800~1000 倍液喷雾防治，每隔 10 天左右喷 1 次，喷 2~3 次即可。④防治黄化病，可用 0.1%~0.2% 硫酸亚铁溶液喷施防治。

（2）虫害防治　虫害较少，主要是介虫危害。

防治方法：①先要适当疏剪过密枝，使树体通风透光。在虫害较轻时可人工用刷子轻轻除之；②在若虫孵化期，介虫分泌蜡质少，抗药力差，可使用 40% 氧乐果或 40% 氧化乐果 1000 倍液，或 2.0% 菊杀乳油 2500 倍液喷洒，能取得良好防治效果。

27　'粉背'银木

学　　　名：*Cinnamomum septentrionale* 'Fenbei'

类　　　别：优良品种

通过类别：审定

编　　　号：豫 S-SV-CS-038-2015

证书编号：豫林审证字 437 号

选 育 者：河南省林业科学研究院、河南林业职业学院

【品种特性】　芽变选育品种。家系优株平均胸径年生长量超过 2cm/年；树干通直、接干能力强、主枝夹角小、冠形圆满、树体高大、较抗黄化病。在香樟黄化病病株率达 75% 的地区，黄化病病株率不超过 2%。比香樟抗寒性强，生长速度快。

【适宜种植范围】　河南省郑州及其以南地区。

【栽培管理技术】

1. 苗木培育

（1）采种　选高大通直、健壮无病虫害的母树。于每年 9~10 月，人工辅助

采摘收集，收回的种子堆沤3~7天，用手搓去果肉，再加水冲洗漂净杂质，置通风处阴干，切忌曝晒。其千粒重160~210g，发芽率60%~90%。处理好的种子选择通风和遮阴条件比较好的露地，用砖块筑起约30cm高的沙床，用预先经过500倍KMnSO$_4$溶液消毒的河沙与种子进行交替层积储藏。沙子湿度应严格掌握，以手抓挤捏不出水，放开手后沙子又不散为度，最上面一层湿沙厚度为5cm左右。然后用遮阳网覆盖，每隔10~15天检查1次。若发现沙层表面发白就得喷洒一下清水，遇到雨天就临时覆盖塑料薄膜，雨止时去掉薄膜。

（2）圃地选择　圃地应选择土层深厚、肥沃、排水良好的轻、中壤土。在翻耕时应施有机肥作基肥，以改良土壤，增加肥力。

（3）播种　2月上旬至3月上旬春播，也可以在冬季随采随播。采用条播，条距30cm，每亩播种量25kg。经沙藏的种子在播种前应进行摧芽处理，用温水间歇浸种摧芽，切忌高温浸种，以防烫伤种子。播后约20~30天发芽，而且发芽整齐。

（4）苗期管理　种子萌芽以后，应及时揭除覆盖物。当苗高5cm时应进行间苗、定苗。选粗壮的苗，按7cm左右株距定苗。定苗后施一次肥，以后在6、7、8月份各施肥一次。施肥以氮肥为主，先淡后浓。10月份苗木已进入生长期，应停止施氮肥。苗木可当年出圃，也可以培育大苗出圃。一年生苗高50cm，根径0.7cm。产苗量每亩2万株左右。培育大苗时，应进行移植，促使侧根生长，出圃时就带沿泥球，并适当剪去枝叶，以提高造林成活率。

2. 大苗培育

经试验认为，银木树苗一年生后最好进行移苗。苗木移栽密度按0.5m×0.3m进行。移栽后可保持苗木合理密度，为起苗带护根土作准备，同时可促使侧根、须根发育，有利于银木的成活率。移栽次数越多，根系越发达，成活率越高。注意一年生幼苗易受冻害，移时要剪掉晚秋梢，用稻草覆盖保墒。出圃苗以地径2~4cm为宜。苗木主干树皮应呈绿色，若树干呈黑褐色，说明树苗老化，不宜栽植。去枝数量按移栽培养的年数而定。大体分为三层次：移栽3~6年的剪去整体枝条数的1/2；移栽7~10年的剪去3/5；移栽11~14年的剪去4/5。修枝方法是对树体1/3以下侧枝全部剪除。2/3以上树体选留其侧枝方位分布均匀3~7个层次。

3. 栽植技术

银木的栽植时机较为重要。春季以3月中下旬至4月中旬，秋季以9月为宜；南方则是在3月25日至4月10日为最佳时机，其次为梅雨季节，作为补植良机。

银木起苗时要带直径30cm左右的护根土，切勿使土团散失。起苗后可剪除枝叶，保留1~3片避免水分蒸腾影响苗木成活。但注意不要去顶，否则树冠会形成多头。另外，为适应跨省跨地的运输，应去掉一定数量的侧枝细条，以提高成活率。据观察，没摘叶的大苗栽植后，成活率仅达 30%~50%。在剪枝时，剪口要紧贴主干，不留短节，不撕破树皮。

栽植坑穴深度、长度及宽度都要达到 50~60cm。栽植深度以地面与香樟苗的根颈处相平为宜。栽植时，护根土要与穴土紧密相连，回土不紧、不实会形成吊空。因此，当大苗入坑后要边填边踩实，直至土壤填至坑口饱满为止并做到坑土内紧表松。

不论是阴天或晴天种植银木，都应及时浇透一次定根水。遇到干燥、曝晒的天气每 7 天左右灌一次透水，连续 3~4 次。

【病虫害防治】

（1）樟叶蜂　幼虫取食樟叶当年抽的嫩梢，严重影响樟树的生长。此虫一年发生 1 或 2 代，5 月上旬和 6 月上旬分别为第一代和第二代幼虫期。可用 90% 的敌百虫或 50% 的马拉松乳剂的 2000 倍液喷杀。

（2）樟巢螟　幼虫成群集结于新梢上取食叶芽，并吐丝把叶卷成球状，包住顶芽，致使新梢枯死。此幼虫一年发生 2 代，第 1 代幼虫在 5 月底到 7 月中旬危害；第 2 代幼虫尚未结成网巢时用上述药剂喷杀，此时效果最佳。

28　'雪球'小溲疏

学　　　名：*Deutzia gracilis* 'Nikko'

类　　　别：引种驯化品种

通过类别：审定

编　　　号：豫 S-ETS-DG-041-2014

证书编号：豫林审证字 387 号

引　种　者：河南省林业科学研究院

【品种特性】　日本引进品种。株型低矮丰满，枝条多且柔软。圆锥花序长 4~10cm。5~6 月开花，盛花期 10~15 天，小花白色，外轮花瓣全部紫红色，花重瓣，极为繁茂。

【适宜种植范围】　河南省各地。

【栽培管理技术】

1. 苗木培育

以扦插繁殖育苗为主，亦可分株、压条繁殖。

（1）扦插繁殖　可在 3 月份萌芽前进行硬枝扦插，或冬季落叶后，剪条沙藏，翌年春季扦插。也可在夏季 6~7 月进行嫩枝扦插。选择生长健壮无病虫害的 1~2 年生'雪球'小溲疏枝条，截成 10~12cm 长的插穗。硬枝扦插可大田露天扦插，插穗上端应露出地面，插后及时浇透水。嫩枝扦插选取粗壮的枝条，剪成 10cm 长的插穗，用沙或泥碳与珍珠岩等混合配制而成疏松、通气、利于排水的微酸性介质做扦插基质，采取温棚喷雾扦插或小拱棚扦插的方法，10 天左右即可生根，生根率达 90% 以上。结合生根激素处理，如 ABT 生根粉、IBA 等，插穗生根速度更快，幼苗整齐度更高。当年冬季，当幼苗高 50cm 左右出圃定植，或第二年春定植。

（2）分株繁殖　根际旁的萌蘖条，在秋季落叶后或春季芽萌动前切开，另行移栽定植，需带根分栽。

（3）压条繁殖

● 单枝压条法：7 月下旬将接近地面的溲疏当年生枝条，取其一部分压埋土中，用钩状竹杈、树杈、铁丝等固定其位置，生根后自母株切离，而成为独立的植株。选择母本干低的溲疏，使其枝条接近地面，便于弯曲压条。对于未压的枝条，适当短剪，促发新枝，以供下次压条使用。

● 培土压条法：培土法旧称堆土法。用作压条的溲疏枝条，不用弯曲，在原来位置上，直接对基部培土使之黄化。

● 压条后管理：压条的土壤经常松土，以保持土壤疏松，压条之后勤灌水，既保持土壤湿润又使土壤与压条密接。生长期间要注意锄草，遇有压条部分松脱弹起或露出土面，应立即重新压紧，并加土覆盖，注意管理。

2. 栽培管理

（1）选地整地　宜选背风向阳、排水较好、土层较厚的山坡地或路旁，若成片规模栽培，需选择沙壤土或中壤土。整地时每亩施有机肥 2000~3000kg、磷肥 20kg、尿素 10kg，在深翻前施入大田作为底肥。施肥后平整、深翻，深翻深度要求 30cm 以上；整好后，做成 1.8~2m 宽的苗床。

（2）定植　定植时间选择在休眠期，即一般在秋季落叶后，到第二年春季萌芽前，土壤不上冻的时间栽植，栽后马上浇透水。宜选背风向阳、排水较好、土层较厚的山坡地或路旁，若成片规模栽培，需选择沙壤土或中壤土。种植前施足农家肥，于冬季落叶后至早春萌芽前定植，栽后浇透水。栽植密度根据初植苗木大小确定，一般为 1m×1m。

（3）田间管理　定植后于每年冬季在株旁松土除草 1 次，并施入腐熟饼肥或土杂肥。'雪球'小溲疏生长比较快，每年根据长势追肥 2~4 次。'雪球'小溲疏苗期应保持土壤湿润，旱时及时浇水，雨季要开沟及时排水，以免积水烂根。生长期还要适当疏删短截。对已开花多年、开始衰老的枝条，通过进行短截或重剪（即剪去枝条的 2/3），可促进剪口以下抽生壮枝，恢复树势。

【病虫害防治】　很少有病害和虫害发生。偶有红蜘蛛、蚜虫为害。

防治方法：可喷尿素、洗衣粉、清水按 1:4:400 的比例充分混匀后形成的尿洗合剂，每亩喷洒 30~40kg，也可喷施 5% 吡虫啉乳油 2000~3000 倍液。5% 啶虫脒 1500~2000 倍液或 1.2% 烟碱苦参碱乳油 1500~2000 倍液。

29 '少球3号'悬铃木

学　　　名：*Platanus acerifolia* 'Shaoqiu No. 3'

类　　　别：优良品种

通过类别：认定（有效期 5 年）

编　　　号：豫 R-SV-PA-046-2013

证书编号：豫林审证字 341 号

选 育 者：河南农业大学

【品种特性】　选育品种。少花、少球，果毛、花粉污染轻。树势生长中庸，耐修剪，遮阴效果好。

【适宜种植范围】　河南省各地。

【栽培管理技术】　栽植一般在春季进行。整形修剪必须在苗木合理密植的基础上进行，前 2 年以主干生长为主，第 3 年选留 3 至 5 个分支点附近分布均匀、与主干成 45°左右夹角、生长粗壮的枝条作为主枝，其余分批剪去，经 3~4 年培育的大苗胸径在 7~8cm 以上，形成"3 股 6 杈 12 枝"的造型，已初具杯状冠型。土壤管理以扩树盘、松土、灌溉、施肥等措施结合，既保证树体养分需求，又充分发挥林木护土、保水、遮阴的生态功能。具体技术参考《河南林木良种（二）》(2013) '少球 1 号'悬铃木。

【病虫害防治】　注意防治星天牛、六星黑点蠹蛾、美国白蛾、褐边绿刺蛾等病虫害，防治上多采用人工捕捉或黑光灯诱杀成虫、杀卵、剪除虫枝。集中处理等方法，以生物防治和物理防治方法为主，加强测报，早防早治。

30 '锦上添花'月季

学　　　名：*Rosa chinensis* 'Jinshangtianhua'

类　　　别：优良品种

通过类别：审定

编　　　号：豫 S-SV-RC-039-2013

证书编号：豫林审证字 334 号

选 育 者：南阳卧龙区石桥月季合作社

【品种特性】　芽变品种。属藤本月季。枝条浅绿色，株形扩张。以钩状，中小刺为主，密度较小，嫩刺浅红色。两性完全花单生或簇生，花蕾圆尖型，花高心盘状，花径 12~14cm，花瓣 30~35 枚，浓香。

【适宜种植范围】　河南省各地。

【栽培管理技术】　修剪包括整枝、抹芽、摘心、疏蕾等，及时修剪过密枝、衰弱枝、病虫枝、内向交叉枝、重叠枝、盲花枝、残花枝等不合理枝条，有利于保持树势均衡；有利于通风透光，让叶片充分有效地接受光照，使植株生长茂盛，提高出花率，改善开花品质；有利于控制和调节产花期，并能更新骨架枝，延缓衰老。水分的控制要根据月季生长发育的不同阶段来进行。施肥应根据月季生长发育的不同阶段、不同树龄、立地的肥力状况、不同季节、不同气温，给予不同的养分配合。具体技术参考《河南林木良种（二）》（2013）'东方之子'月季。

31　'银春'桃

学　　名：*Prunus persica* 'Yinchun'

类　　别：优良品种

通过类别：审定

编　　号：豫 S-SV-PP-035-2015

证书编号：豫林审证字 434 号

选 育 者：中国农业科学院郑州果树研究所

【品种特性】　杂交品种。属早花型观赏桃。花瓣纯白色，花朵大，直径 4.4cm，花瓣 4~5 轮，花瓣数多，18~24 片；节间较短，花芽密，花量大，花期持续时间长。需冷量短，保护地栽培可以提前上市。郑州地区 3 月 22 号开花。

【适宜种植范围】　河南省满足需冷量 450 小时的地区。

【栽培管理技术】　在庭院、街道、公园等露地栽培时，管理同一般桃树。盆栽时因其生长势旺盛，要实现当年大量成花，在夏季应注意摘心、扭枝处理，前期增加枝量，后期控制旺长。为了缩小树冠枝展，使树形更紧凑，可以在 6 月底到 7 月初，叶面喷施 15% 的多效唑 200 倍液 1~2 次。在进行促早生产时，一般落叶后 25~30 天就能自然满足需冷量要求，升温后 1 个月开花。如果采用遮阴覆盖的方法，20 天即可满足需冷量的要求。应注意控制进棚时间和温室的温湿度条件，以迎合上市时间（如春节前 7~10 天上市）。一般白天温度控制在 20~25℃，夜间温度控制在 5~8℃，湿度控制在 60% 左右，升温 30 天即可开花。具体技术参考《河南林木良种》（2008）'豫桃 1 号'（'红雪'桃）。

32 '画春寿星'桃

学　　名：*Prunus persica* 'Huachunshouxing'

类　　别：优良品种

通过类别：审定

编　　号：豫 S-SV-PP-036-2015

证书编号：豫林审证字 435 号

选 育 者：中国农业科学院郑州果树研究所

【品种特性】　杂交品种。属早花型观赏桃。花瓣粉红色，花朵大，直径 4.5cm，花瓣 6~7 轮，花瓣数多，42~45 片；节间很短，花芽密，花量大，花期持续时间长。需冷量短，仅为 600 小时，保护地栽培，可以提前上市。郑州地区 3 月 22 日开花。

【适宜种植范围】　河南省满足需冷量 600 小时的地区。

【栽培管理技术】　定植时选择排水良好、土层深厚、阳光充足的地块。苗木种植时不宜过深，因其长势中等，属半矮化品种，建议少喷或不喷多效唑；因其以花束状果枝及短果枝为主，冬剪时在疏除过密枝的同时，多保短果枝与花束枝。在树型选择上宜采用纺锤形，株行距以 3m×5m 较好。具体技术参考《河南林木良种》（2008）'豫桃 1 号'（'红雪'桃）。

33 '嫣红早花'桃

学　　名：*Prunus persica* 'Yanhongzaohua'

类　　别：优良品种

通过类别：审定

编　　号：豫 S-SV-PP-037-2015

证书编号：豫林审证字 436 号

选 育 者：鄢陵县林业科学研究所、许昌市林业工作站

【品种特性】　杂交品种。花果兼用型。花为蔷薇型。花蕾深红色，花瓣红色，花期早，花朵大，花期长。果实风味佳。花期比亲本满天红桃早 15 天左右。

【适宜种植范围】　河南省满足需冷量 550~600 小时的地区。

【栽培管理技术】　适宜露地栽培或盆栽。露地栽培管理可参照一般桃树。盆栽时在夏季应注意多次摘心，前期增加分枝量，后期控制旺长，促进营养生长向生殖生长转化。为了使树形更紧凑，可以在 7 月初开始，叶面喷施 15% 的

多效唑 200 倍液，一周后再喷 1 次。具体技术参考《河南林木良种》（2008）'豫桃 1 号'（'红雪'桃）。

34　'迎春'桃

学　　名：*Prunus persica* 'Yingchun'

类　　别：优良品种

通过类别：审定

编　　号：豫 S-SV-PP-040-2014

证书编号：豫林审证字 386 号

选 育 者：中国农业科学院郑州果树研究所

【品种特性】　实生南选育品种。花蔷薇型。花瓣粉红色，花朵直径 4.7cm，花瓣 4~5 轮，花瓣数 16~24 片；花丝粉白色，约 66~81 条，花药橘红色，有花粉；雌蕊 1~2 枚，雌蕊比雄蕊高；花萼 1 层，红褐色，5 片，少量萼片瓣化。

【适宜种植范围】　河南省满足需冷量 450 小时的地区。

【栽培管理技术】　在庭院、街道、公园等露地栽培时，管理同一般桃树。盆栽时因其生长势旺盛，要实现当年大量成花，在夏季应注意摘心、扭技处理，前期增加枝量，后期控制旺长。为了缩小树冠枝展，使树形更紧凑，可以在 6 月底到 7 月初，叶面喷施 15% 的多效唑 200 倍液 1~2 次。在进行促早生产时，一般落叶后 25~30 天就能自然满足需冷量要求，升温后 1 个月开花。如果采用遮阴覆盖的方法，20 天即可满足需冷量的要求。应注意控制进棚时间和温室的温湿度条件，以迎合上市时间（如春节前 7~10 天上市）。一般白天温度控制在 20~25℃，夜间温度控制在 5~8℃，湿度控制在 60% 左右，升温 30 天即可开花。具体技术参考《河南林木良种》（2008）'豫桃 1 号'（'红雪'桃）。

35　'红叶'樱花

学　　名：*Prunus serrulata* 'Hongye'

类　　别：引种驯化品种

通过类别：审定

编　　号：豫 S-ETS-PS-043-2015

证书编号：豫林审证字 442 号

引 种 者：河南名品彩叶苗木股份有限公司

【品种特性】　欧洲引进品种。初春叶为深红色；高温多雨季节老叶渐变深紫色，叶大而厚；晚秋遇霜叶变亮红色。

【适宜种植范围】　河南省各地。

【栽培管理技术】

1. 苗木培育

以播种、扦插和嫁接繁育为主。以播种方式养殖樱花，注意勿使种胚干燥，应随采随播或湿沙层积后翌年春播。嫁接养殖可用樱桃、山樱桃的实生苗作砧木。在3月下旬切接或8月下旬芽接，接活后经3~4年培育，可出圃栽种。

（1）播种　种子采收后立即播种，不宜干燥。因种子有休眠特性，也可以将种子沙藏后于次年春播，以培育实生苗作嫁接之用。

（2）扦插　在春季用一年生硬枝，夏季用当年生嫩枝。扦插可用NAA处理，苗床需遮阴保湿与通气良好的介质才有高的成活率。

（3）嫁接　因樱花多数种类不结果实，因此，嫁接可用樱桃（Cerasus pseudo-cerasus）或山樱桃（Cerasus tomentosa）作砧木，于3月下旬切接或8月下旬芽接均可。嫁接成活后经3~4年培育，可出圃栽植。樱花也可高枝换头嫁接，将削好的接穗用劈接法插入砧木，用塑料袋缠紧，套上塑料袋以保温防护，成活率高，可用来更换新品种。

2. 栽培管理

（1）栽植　栽植前要把地整平，可挖直径0.8m、深0.6m的坑，坑里先填入与土壤混合的有机肥15~25kg，把苗放进坑里，使苗的根向四周伸展。樱花填土后，向上提一下苗使根系舒展，再进行踏实。栽植深度在离苗根上层5cm左右，栽好后浇水，充分灌溉；打支撑架，以防大风吹倒。

（2）浇水　定植后苗木易受旱害，除定植时充分灌水外，以后8~10天灌水一次，保持土壤潮湿但无积水。灌后及时松土，最好用草将地表薄薄覆盖，减少水分蒸发。在定植后2~3年内，为防止树干干燥，可用稻草包裹。但2~3年后，树苗长出新根，对环境的适应性逐渐增强，则不必再包草。

（3）施肥　每年施肥2次，以酸性肥料为好。一次是冬肥，在冬季或早春施用豆饼、鸡粪和腐熟肥料等有机肥；另一次在落花后，施用硫酸铵、硫酸亚铁、过磷酸钙等速效肥料。一般大樱花树施肥，可采取穴施的方法，即在树冠正投影线的边缘，挖一条深约10cm的环形沟，将肥料施入。此法既简便又利于根系吸收，以后随着树的生长，施肥的环形沟直径和深度也随之增加。樱花根系分布浅，要求排水透气良好，因此在树周围特别是根系分布范围内，切忌人畜、车辆踏实土壤。行人践踏会使树势衰弱，寿命缩短，甚至造成烂根死亡。

（4）修剪　修剪主要是剪去枯萎枝、徒长枝、重叠枝及病虫枝。花后和早春发芽前修剪，以保持树冠圆满。另外，一般大樱花树干上长出许多枝条时，应保留若干长势健壮的枝条，其余全部从基部剪掉，以利通风透光。修剪后的枝条要及时用药物消毒伤口，防止雨淋后病菌侵入，导致腐烂。樱花经太阳长时期的曝晒，树皮易老化损伤，造成腐烂，应及时将其除掉并进行消毒处理。之后，用腐叶土及炭粉包扎腐烂部位，促其恢复正常生理机能。

【病虫害防治】

（1）流胶病　为蛾类钻入树干产卵所致，可以用尖刀挖出虫卵，同时改良土壤，加强水肥管理。

（2）根瘤病　易导致病树的根无法正常生长。要及时切除肿瘤，进行土壤消毒处理，利用腐叶土、木炭粉及微生物改良土壤。

（3）叶枯病　夏季叶上发生黄绿色的圆形斑点，后变褐色，散生黑色小粒点，病叶枯死但并不脱落。

（4）穿孔性褐斑病　5～6月时发生，叶出现紫褐色小点，后渐扩大成圆形，病斑部位干燥收缩后成为小孔。病菌多在病枝病叶上过冬，发育最适温度为25～28℃，借风传播，在多雨季节有利于侵染发病，树势衰弱。排水不良。通风透光差时，病害发生严重。

防治方法：①加强栽培管理，合理整枝修剪，并注意剪掉病梢，及时清理病叶并烧毁，为植株创造干净的生长条件。②新梢萌发前，可喷洒3～5波美度石硫合剂，发病期可喷洒160倍波尔多液或50%苯来特可湿性粉剂1000～2000倍液，或15%代森锌600～800倍液。

（5）对于蚜虫、红蜘蛛、介壳虫等病虫害应以预防为主，每年喷药3～4次，第一次在花前，第二次在花后，第三次在7～8月。

36　'朱羽'合欢

学　　名： *Albizzia julibrissin* 'Zhuyu'

类　　别： 优良品种

通过类别： 审定

编　　号： 豫 S-SV-AJ-036-2013

证书编号： 豫林审证字331号

选 育 者： 遂平名品花木园林有限公司

【品种特性】　芽变品种。春夏秋三季叶片均为深紫红色，不返绿。

【适宜种植范围】　河南省各地。

【栽培管理技术】

1. 苗木繁殖

'朱羽'合欢的繁殖以嫁接为主，常用合欢作砧木。

（1）砧木培育

• 种子处理　合欢常采用播种繁殖，于9～10月间采种，采种时要选择子粒饱满、无病虫害的荚果，将其晾晒脱粒，干藏于干燥通风处，以防发霉。于翌年3~4月间，将种子作处理后方可播种。由于合欢种皮坚硬，为使种子发芽整齐，出土迅速，播前2周需用0.5%的高锰酸钾冷水溶液浸泡2小时，捞出后用清水冲洗干净置于80℃左右的热水中浸种30秒(最长不能超过1分钟，否则影响发芽率)，24小时后即可进行播种。利用这种方法催芽发芽率可达80%~90%，且出苗后生长健壮不易发病。

● 选圃作床　圃地要选背风向阳、土层深厚、沙壤或中壤土、排灌方便的地方。翻松土壤，锄碎土块，做成东西向、宽1m、表面平整的苗床。播种前在畦上先施腐熟人粪尿和钙镁磷肥，再盖上一层细园土。

● 播种　春季播种前将种子浸泡8~10小时后取出播种。采用宽幅条播或撒播，播种后覆土2~3cm，然后覆盖稻草，用水浇湿，保持土壤湿润。用种量，需移苗栽植的播45~60kg/hm²，不移苗的播30~37.5kg/hm²。播种后7天内，晴天要喷1~2次水，保持苗床湿润。幼苗出土后逐步揭除覆盖物，第一片真叶普遍抽出后全部揭去覆盖物，并拔除杂草。

● 苗期管理　苗出齐后，应加强除草松土追肥等管理工作。苗高3~5cm时施稀薄腐熟人粪尿或化肥1次，促进幼苗生长。苗高15cm以上要移苗的，选阴天或细雨天移苗，适当剪除部分枝叶，按株行距30×50cm栽植到已备好的畦中。移栽后如遇晴天，要浇水和遮阳，以利苗木的生根成活。

（2）嫁接　4~5月份用枝接或带木质部芽接，7~9月用芽接的方法进行。接穗取向阳外围的充实枝条。芽接嫁接后7天，枝接嫁接后2周左右，检查接穗是否成活，若不成活应及时补接，嫁接成活的植株要及时抹芽除萌，以免与接穗争夺养分。

2. 栽培管理

（1）移栽　第2年春或秋季移栽，合欢密植才能保证主干通直，一般株行距2m×3m。小苗移栽要在萌芽之前进行，移栽大苗要带足土球。苗木生长中要及时修剪侧枝，发现有侧枝要趁早从枝根部抹去，因为用刀剪削侧枝往往不彻底，导致侧芽再度萌发。主干倾斜的小苗，第2年可齐地截干，促生粗壮、通直主干。小苗移栽要在萌芽之前进行，移栽大苗要带足土球。移植时间宜在春、秋两季。春季移栽宜在萌芽前，树液尚未流动时；秋季栽植可在合欢落叶之后至土壤封冻前。同时，要及时浇水、设立支架，以防风吹倒伏。管理上每年应予修剪，调整树态，保持其观赏效果。另外，还要于每年的秋末冬初时节施入基肥，促使来年生长繁茂，着花更盛。绿化工程栽植时，要去掉侧枝叶，仅留主干，以保成活，晚秋时可在树干周围开沟施肥1次，保证翌年生长肥力充足。

（2）苗期管理　苗期要做好除草、施肥等工作。如果田间杂草过多可进行人工锄草或化除。结合灌水追施淡薄有机肥和化肥，加速幼树生长，也可叶面喷施 0.2% ~ 0.3% 的尿素和磷酸二氢钾混合液。8 月上旬以前要以施氮肥为主，用纯氮 225 ~ 375kg/hm²，后期（8 月中下旬至 9 月间）以施用氮、磷、钾等复混肥为主，用量为 600 ~ 750kg/hm²，施肥时要按照"少量多次"的原则，不得施"猛肥"，以防肥多"烧苗"。由于合欢不耐水涝，故要在圃田内外开挖排水沟，做到能灌能排。若管理适当，当年苗高可达 2m 以上。如作城镇、园区绿化之用，要分床定植，苗期要及时修剪侧枝，保证主干通直。

【病虫害防治】

（1）溃疡病和枯萎病　可于发病初期用 50% 退菌特 800 倍液，或 50% 多菌灵 500 ~ 800 倍液，或 70% 甲基托布津 600 ~ 800 倍液进行喷洒，7 ~ 10 天喷 1 次，连续用药 2 次。

（2）锈病　患锈病后叶背会出现一些淡黄色斑点，斑点产生白色疱状物。早期在疱状物中散出锈褐黄色粉末，即病原菌的夏孢子堆。后期在疱状物中散出暗褐色粉状物，即病原菌的冬孢子。为金合欢球锈菌，担子菌亚门冬孢菌纲锈菌目。每年发病在 10 月下旬至翌年 4 月间，病部产生的疱状物开始时只有夏孢子堆，约 1 个月后，出现冬孢子堆。

防治办法：喷洒 0.3 波美度石硫合剂，或 75% 百菌清可湿性粉剂 400 倍液，10 ~ 15 天喷 1 次，连喷 2 ~ 3 次。

（3）枯萎病　枯萎病是一种系统性传染病，对合欢树来说是最严重的病害。该病发生几率较大，幼苗及成品树都受到影响。其中，3 ~ 5 年生树最易患枯萎病且发病速度快。另外，一些生命力弱的植株受此病影响，容易死亡。合欢枯萎病受气候条件、土质和地势、栽培环境及栽植管理的影响。高湿、多雨季节发病严重；土质黏重、地势低洼、排水不良，积水地易发病；移栽或修剪等管理过程中造成的伤口，会增加镰刀菌侵染机会。幼苗染病后，先是叶片变黄，然后根茎基部变软，常出现倒伏，最后全株枯死。成株染病先是 1 ~ 2 根枝条出现症状，病枝上的叶片萎蔫下垂，叶色呈淡绿色或淡黄色，后期干枯脱落，随后部分枝条开始干枯，逐步扩展到整株，至死亡。截开主干断面，可见一整圈变色环，树根部断面呈褐色或黑褐色。

防治办法：①选择抗病性强的品种，如浅色花的'驰闻'、深红色花的'夏洛特'等，在种植形式上，最好采取单株或几株点缀种植于绿化带、花园、庭院。②做好幼苗的病虫害预防。当幼苗长出 2 ~ 3 片真叶时，喷 1 次甲胺磷 2000 倍液，防止蚂蚁等害虫危害幼苗，以后定时定量在叶面上喷洒叶面肥，提高苗木抗病能力。③选择适宜生长的栽植地。以土壤疏松、排水条件较好的地方种植，切忌低洼积水。④减少伤口。在日常养护管理中，尽量少剪枝，剪口要适当涂抹保护剂。大树移栽时，对于已截过的枝干断面，涂抹保护剂。在日常浇水、施肥等管理过程中尽量减少创伤口。旱时浇水，雨后排涝，定期施肥，增强植株长势，提高抗病能力。⑤减少菌原感染。合欢树尽量不在草坪中栽植，因草坪携带菌原对合欢会造成交叉感染；对栽入草坪中的合欢树，要清除树四周的草坪及杂草。在移栽前，尽量提前挖坑，高温晾晒，用 40% 五氯硝基苯处理栽植坑土，尤其是对枯萎病高发区，必须进行土壤灭菌处理。⑥药剂处理。对症状轻微的病株，在更换土壤的同时结合药剂处理进行控制。可采用 70% 甲基托布津可湿性粉、60% 多福可湿性粉 100 倍液喷洒树干或涂抹；或使用 14.5% 多效灵水溶性粉剂、40% 五氯硝基苯粉剂 300 倍液，以及抗枯宁、甲基托布津、多菌灵等农药常规浓度浇灌土壤，每 8 天左右灌 1 次，连续 3～4 次可有效遏制病情扩展，并使植株逐步恢复；而使用 70% 基托布津可湿性粉剂 300 倍液，通过输液的方式输入植株内，可提高疗效。在采取以上措施的同时，对树穴及周围相邻土壤浇灌 40% 福美胂 50 倍液、40% 五氯硝基苯粉剂 300 倍液，进行消毒，防止病菌蔓延。⑦移栽前对根部进行杀菌消毒。以移栽小苗为宜，因大树移栽中的伤根多，为病原侵染提供了可乘之机。大树移栽时，减少起苗与运输、定植时间。栽前对根部进行杀菌消毒，可喷洒 40% 多菌灵可湿性粉剂 500 倍液，或 65% 代森锌可湿性粉剂 500 倍液；移栽时，可用 10% 硫酸铜溶液蘸根处理，也可同时喷施生根粉等生长调节剂，以促进根系萌发生长。

⑧栽后加强管理。栽后立即灌透水。以后旱时及时浇水、雨后及时排涝，定期施肥，增强植株长势，提高抗病能力。

（4）合欢吉丁虫　蛀干害虫，1 年 1 代，6 月下旬以老熟幼虫在被害树干内过冬。次年在隧道内化蛹，6 月上旬开始咬食树叶。多在干和枝上产卵，每处产卵一粒，幼虫孵化潜入树皮危害，到 9、10 月份被害处流出黑褐色胶，一直危害到 11 月幼虫开始过冬。

防治方法：①6 月上旬成虫羽化期往树冠、干、枝上喷 1500～2000 倍的 20% 菊杀乳油等杀成虫。②在 5 月成虫羽化前进行树干涂白，防止产卵。③幼虫初在树皮内危害时，往被害处涂煤油溴氰菊酯混合液（1:1），杀树皮内幼虫。④注意栽前苗木的检疫工作，栽后加强管理，及早发现虫害，及时清除枯株，减少虫源及蔓延。

（5）双条合欢天牛　2 年 1 代，翌春越冬幼虫在树皮下大量危害，成虫 6～8 月出现，有趋光性，卵产在树皮缝隙处。树皮脱落处，露出的木质部有幼虫蛀入时的长圆形孔。可造成观赏树木的大批死亡，降低木材利用和绿化观赏效果。

防治方法：①人工捕杀成虫，成虫羽化期，可于晚上 20: 00 左右捕杀。②在幼虫孵化期，可在树干上喷洒杀螟松。③在树干基部等距离打小孔 3～4 个，孔深 3～5cm，注入 50% 久效磷 1～3 倍稀释液，效果较好。④在幼虫危害期，树盘浇灌 250～400 倍的氧化乐果乳油，防治效果也比较理想。

（6）合欢巢蛾　一般发生在 1 年 2 代，蛹多在树皮缝里、树洞里、附近建筑物上，特别是在墙檐下过冬。翌年 6 月中、下旬（中龄合欢盛花期）成虫羽化，交尾后产卵在叶片上，叶片上出现灰白色网状斑，稍长大后吐丝把小枝和叶连缀一起，群体藏在巢内咬食叶片危害。7 月下旬开始在巢内化蛹。8 月上旬第 1 代成虫羽化。8 月中旬第 2 代幼虫孵化危害，这时易出现灾害，树冠出现枯干现象。9 月底幼虫开始作茧化蛹过冬。

防治方法：①在幼虫期喷 1500～2000 倍的 50% 辛硫磷乳油，或 2000 倍的 20% 菊杀乳油，或 1000～1500 倍的 90% 敌百虫晶体等杀幼虫。②在秋、冬、春刷除树木枝干和附近建筑物上的过冬茧蛹并消灭。③在幼虫作巢期，虫口不多的可剪掉虫巢，消灭幼虫。

37　'重阳'紫荆

学　　　名：*Cercis canadensis* 'Chongyang'
类　　　别：优良品种
通过类别：审定
编　　　号：豫 S-SV-CC-034-2013
证书编号：豫林审证字 329 号
选 育 者：遂平名品花木园林有限公司

【品种特性】　芽变品种。一年内春秋两季开花，春季先花后叶，秋季叶花同现。

【适宜种植范围】　河南省各地。

【栽培管理技术】

1. 繁殖方法

（1）播种繁殖　9～10 月收集成熟荚果，取出种子，埋于干沙中置阴凉处越冬。翌年 3 月下旬到 4 月上旬播种，播前进行种子处理，这样才做到苗齐苗壮。用 60℃ 温水浸泡种子，水凉后继续泡 3～5 天。每天需要换凉水一次，种子吸水膨胀后，放在 15℃ 环境中催芽，每天用温水淋浇 1～2 次，待露白后播于苗床，2 周可齐苗，出苗后适当间苗。4 片真叶时可移植苗圃中，畦地以疏松肥沃的壤土为好。为便于管理，栽植实行宽窄行，宽行 60cm，窄行 40cm，株距 30～40cm。幼苗期不耐寒，冬季需用塑料拱棚保护越冬。

（2）分株繁殖　紫荆根部易产生根蘖。秋季 10 月份或春季发芽前用利刀断蘖苗和母株连接的侧根另植，容易成活。秋季分株的应假植保护越冬，春季 3 月定植。一般第 2 年可开花。

（3）压条繁殖　生长季节都可进行，以春季 3～4 月较好。空中压条法可选1～2 年生枝条，用利刀刻伤并环剥树皮 1.5cm 左右，露出木质部，将生根粉液

(按说明稀释)涂在刻伤部位上方3cm左右，待干后用筒状塑料袋套在刻伤处，装满疏松园土，浇水后两头扎紧即可。一月后检查，如土过干可补水保湿，生根后剪下另植。

灌丛型树可选外围较细软、1~2年生枝条将基部刻伤，涂以生根粉液，急弯后埋入土中，上压砖石固定，顶梢可用棍支撑扶正。一般第2年3月分割另植。有些枝条当年不生根，可继续埋压，第2年可生根。

(4)扦插繁殖　在夏季的生长季节进行，剪去当年生的嫩枝做插穗，插于沙土中也可成活，但生产中不常用。

(5)嫁接繁殖　可用长势强健的普通紫荆做砧木。以'重阳'紫荆的芽或枝做接穗，接穗选择无病虫害或少病虫害的植株向阳面外围的充实枝条，接穗采集后剪除叶片，及时嫁接。可在4~5月和8~9月用枝接的方法、7月用芽接的方法进行。如果天气干旱，嫁接前1~2天应灌一次透水，以提高嫁接成活率。

2. 栽培管理

'重阳'紫荆栽培应选在地势高燥处，对土壤要求不太严格，但以疏松、肥沃、排水良好的沙壤土为好，低洼、易涝、易积水的地方不易栽植，苗木移植以3~4月为好。大树需带土球移植，以利于成活。

(1)水肥管理　紫荆在生长期应适时中耕，以疏松表土，减少水分蒸发，使土壤里的空气流通，促进养分的分解，为根系的生长和养分的吸收创造良好的条件。每年早春、夏季、秋后各施一次腐熟的有机肥，或适当施氮、磷、钾复合肥料。以促进开花和花芽的形成，每次施肥后都要浇一次透水，以利于根系的吸收。

紫荆喜湿润环境，种植后应立即浇头水，第3天浇二水，第6天后浇三水，三水过后视天气情况浇水，以保持土壤湿润不积水为宜。夏天及时浇水，并可叶片喷雾。雨季要及时排水防涝，以免因土壤积水造成烂根。入秋后如气温不高应控制浇水，防止秋发。入冬前浇足防冻水。翌年3月初浇返青水，除7月和8月视降水量确定是否浇水，4~10月各浇1次透水。

紫荆喜肥，肥足则枝繁叶茂，花多色艳，缺肥则枝稀叶疏，花少色淡。应在定植时施足底肥，以腐叶肥、圈肥或烘干鸡粪为好，与种植土充分拌匀再用，否则根系会被烧伤。正常管理后，每年花后施一次氮肥，促长势旺盛，初秋施一次磷钾复合肥，利于花芽分化和新生枝条木质化后安全越冬。初冬结合浇冻水，施用牛马粪。植株生长不良可叶面喷施0.2%磷酸二氢钾溶液和0.5%尿素溶液。

(2)整形修剪　紫荆在园林中常作为灌丛使用，故从幼苗抚育开始就应加强修剪，以利形成良好株形。幼苗移栽后可轻短截，促其多生分枝，扩大营养面积，积累养分，发展根系。翌春可重短截，使其萌生新枝，选择长势较好的

3 个枝保留，其余全部剪除。生长期内加强水肥管理，对留下的枝条摘心。定植后将多生萌蘖及时疏除，加强对头年留下的枝条的抚育，多进行摘心处理，以便多生二次枝。

紫荆耐修剪，可在冬季落叶后至春季萌芽前剪除病虫枝、交叉枝、重叠枝，以保持树形的优美。由于植株的老枝上也能开花，因此在修剪时不要将老枝剪得过多。

【病虫害防治】

（1）紫荆角斑病　为真菌性病害，病原菌为尾孢菌、粗尾孢菌 2 种。一般在 7~9 月发生此病。多从下部叶片先感病，逐渐向上蔓延扩展。植株生长不良，多雨季节发病重，病原在病叶及残体上越冬。

主要发生在叶片上，病斑呈多角形，黄褐色至深红褐色，后期着生黑褐色小霉点。严重时叶片上布满病斑，常连接成片，导致叶片枯死脱落。

防治方法：秋季清除病落叶，集中烧毁，减少侵染源。发病时可喷 50% 多菌灵可湿性粉剂 700~1000 倍液，或 70% 代森锰锌可湿性粉剂 800~1000 倍液，或 80% 代森锌 500 倍。10 天喷 1 次，连喷 3~4 次有较好的防治效果。

（2）紫荆枯萎病　该病由地下伤口侵入植株根部，破坏植株的维管束组织，造成植株枯萎死亡。此病由真菌中的镰刀菌侵染所致。病菌可在土壤中或病株残体上越冬，存活时间较长。主要通过土壤、地下害虫、灌溉水传播。一般 6~7 月发病较重。

叶片多从病枝顶端开始出现发黄、脱落，一般先从个别枝条发病，后逐渐发展至整丛枯死。剥开树皮，可见木质部有黄褐色纵条纹，其横断面可见到黄褐色轮纹状坏死斑。

防治方法：①加强养护管理，增强树势，提高植株抗病能力。②苗圃地注意轮作，避免连作，或在播种前每亩条施 70% 五氯硝基苯粉剂 1.5~2.5kg。及时剪除枯死的病枝、病株，集中烧毁，并用 70% 五氯硝基苯或 3% 硫酸亚铁消毒处理。③可用 50% 福美双可湿性粉剂 200 倍或 50% 多菌灵可湿粉 400 倍，或用抗霉菌素 120 水剂 100mg/L 药液灌根。

（3）紫荆叶枯病　为真菌病害，病菌以菌丝或分生孢子器在病叶上越冬。植株过密，易发此病。一般 6 月开始发病。

主要危害叶片，初病斑红褐色圆形，多在叶片边缘，连片并扩展成不规则形大斑，至大半或整个叶片呈红褐色枯死。后期病部产生黑色小点。

防治方法：①秋季清除落地病叶，集中烧毁。②展叶后用 50% 多菌灵800~1000 倍，或 50% 甲基托布津 500~1000 倍喷雾，10~15 天喷一次，连喷 2~3 次。

（4）大蓑蛾　防治方法：①秋冬摘除树枝上越冬虫囊。②6 月下旬至 7 月，在幼虫孵化危害初期喷敌百虫 800~1200 倍液。③保护寄生蜂、寄生蝇等天敌。

（5）褐边绿刺蛾　防治方法：①秋、冬结合浇封冻水、施在植株周围浅土层挖灭越冬茧。②少量发生时及时剪除虫叶。③幼虫发生早期，以敌敌畏、敌百虫、杀螟松等杀虫剂 1000 倍喷杀。

（6）蚜虫　防治方法：可喷 40% 乐果乳油 1000 倍喷杀。

38　加拿大紫荆

学　　　名：*Cercis canadensis* 'Ziye'

类　　　别：引种驯化品种

通过类别：审定

编　　　号：豫 S-ETS-CC-039-2014

证书编号：豫林审证字 385 号

引 种 者：遂平名品花木园林有限公司

【品种特性】　欧洲引进品种。春、夏、秋三季叶色均为亮丽的紫红色。

【适宜种植范围】　河南省各地。

【栽培管理技术】　怕水渍，栽培应选在地势高燥处，对土壤要求不太严格，但以疏松肥沃的砂质土壤为好。苗木移植以 3 月上旬为好，大苗移植需带土球。及早定干，统一定干高度，形成良好的冠形。具体技术参考'重阳'紫荆。

【病虫害防治】　病害较少，虫害有天牛，发生时可喷绿色威雷 800 倍液防治。

39　'花都瑞雪'紫荆

学　　　名：*Cercis chinensis* 'Huaduruixue'

类　　　别：优良品种

通过类别：审定

编　　　号：豫 S-SV-CC-040-2015

证书编号：豫林审证字 439 号

选 育 者：许昌市花都园林工程有限公司、许昌市林业技术推广站、许昌市林业工作站

【品种特性】　实生苗选育品种。花瓣白色，花量大，茎节长，花朵成簇在枝条或主杆上球状分布。

【适宜种植范围】　河南省各地。

【栽培管理技术】　栽植一般在春季芽萌动前或秋季落叶后进行。栽植需选

择背风、向阳、排水良好处，穴内施腐熟堆肥作基肥。新栽植株春季要注意多浇水；成活后正常管理，一般在 5~7 月浇 2~3 次水即可，忌水涝，雨季注意及时排水防涝。秋季最好施一次腐熟有机肥，或适当施氮、磷、钾复合肥料。具体技术参考'重阳'紫荆。

40 '金帆'加拿大紫荆

学　　名：*Cercis canadensis* 'Jinfan'

类　　别：优良品种

通过类别：审定

编　　号：豫 S-SV-CC-041-2015

证书编号：豫林审证字 440 号

选 育 者：河南名品彩叶苗木股份有限公司

【品种特性】　加拿大紫荆变异类型。春季叶金黄色，夏秋老叶返绿，幼叶黄色渐变为鲜黄色。

【适宜种植范围】　河南省各地。

【栽培管理技术】　秋季落叶后或春季萌芽前栽植，大苗移栽要带好土球，栽前要挖大穴，施基肥，勿伤根。栽后要充分灌水，浇足，浇透。具体技术参考'重阳'紫荆。

【病虫害防治】　病害较少。虫害主要有蚜虫和蝉。蚜虫可用吡虫啉 1500~2000 倍喷雾；蝉可人工捕杀或喷施辛硫磷防治。

41 '晚霞'加拿大紫荆

学　　名：*Cercis canadensis* 'Wanxia'

类　　别：优良品种

通过类别：审定

编　　号：豫 S-SV-CC-042-2015

证书编号：豫林审证字 441 号

选 育 者：河南名品彩叶苗木股份有限公司

【品种特性】　加拿大紫荆变异类型。枝条自然下垂，叶深紫色。

【适宜种植范围】　河南省各地。

【栽培管理技术】　秋季落叶后或春季萌芽前栽植。大苗移栽要带好土球，栽前挖大穴，施基肥，勿伤根。栽后要充分灌水，浇足，浇透。具体技术参考'重阳'紫荆。

【病虫害防治】　病害较少，虫害主要有蚜虫和天牛类，蚜虫可用吡虫啉1500~2000倍喷雾，天牛可用绿色威雷喷雾或用树虫杀堵塞虫孔毒杀。

42　'金叶'皂荚

学　　名：*Gleditsia sinensis* 'Jinye'
类　　别：引种驯化品种
通过类别：审定
编　　号：豫 S-ETS-GS-037-2014
证书编号：豫林审证字383号
引　种　者：遂平名品花木园林有限公司

【品种特性】　美国引进品种。春季叶片金黄色，渐变为黄绿色，新叶黄色。耐旱、耐寒，对土壤要求不严，能在石灰质及轻度盐碱土上生长。深根性，根系发达，寿命长，萌芽力、分蘖力强。

【适宜种植范围】　河南省各地。

【栽培管理技术】　苗木移植在春季萌芽前进行，大苗移栽要带好土球，栽前要挖大穴，施基肥，勿伤根。栽后要充分灌水，浇足，浇透。具体技术参考《河南林木良种(二)》(2013)'密刺'皂荚。

【病虫害防治】　主要病虫害为天牛，发生时，及时喷洒绿色威雷800倍液防治。

43　'黄金'刺槐

学　　名：*Robinia pseudoacacia* 'Huangjin'
类　　别：优良品种
通过类别：审定
编　　号：豫 S-SV-RP-035-2013
证书编号：豫林审证字330号
选　育　者：遂平名品花木园林有限公司

【品种特性】　芽变品种。观赏树种。春夏秋三季叶片颜色均为黄色，成熟叶片金黄色，不返绿。

【适宜种植范围】　河南省各地。

【栽培管理技术】　栽植技术因地而异，在冬春季多风比较干燥寒冷地区，可在秋季或早春截干栽植，在气候比较温暖湿润而风少的地方可带干栽植，以芽将萌动时成活率高。应根据绿化用途定干整形修剪，培养良好的树形。具体技术参考《河南林木良种》(2008)'豫刺槐 1 号'。

44　'紫叶'黄栌

学　　　名： *Cotinus coggygria* 'Ziye'

类　　　别： 引种驯化品种

通过类别： 审定

编　　　号： 豫 S-ETS-CC-038-2014

证书编号： 豫林审证字 384 号

引 种 者： 遂平名品花木园林有限公司

【品种特性】　美国引进品种。叶片初春时为鲜红色,春夏之交,叶色红而亮丽。耐寒又耐干旱,在肥沃、排水良好的沙质土壤上生长最好,轻盐碱地也可生长,喜光又耐阴,在光照充足、温度 28℃ 以上时生长最旺,耐贫瘠。

【适宜种植范围】　河南省各地。

【栽培管理技术】

1. 苗木培育

'紫叶'黄栌以播种繁殖为主,分株和根插也可。

(1)种实采集　选择结果早,品质优良的健壮母树,于 6 月下旬至 7 月上旬果实成熟变为黄褐色时,及时采收,否则遇风容易将种子全部吹落。将种子采集后风干,去杂,过筛,精选,晾干,存放到干燥阴凉处备用,并防止虫害、鼠害。

(2)种实处理　'紫叶'黄栌的果皮有坚实的栅栏细胞层,阻碍水分的渗透,因此必须在播种前先进行种子处理。一般于 1 月上旬先将种子风选或水选除去秕种,然后加入清水,用手揉搓几分种,洗去种皮上的黏着物,滤净水,重换清水并加入适量的高锰酸钾或多菌灵,浸泡 3 天,捞出掺 2 倍的细沙,混匀后贮藏于背阴处,使其自然结冰进行低温处理。至 2 月中旬选背风向阳,地势高燥处挖深约 40cm,长宽约 60~80cm 的催芽坑,然后将种沙混合物移入坑内,上覆 10cm 左右的细沙,中间插草束通气,坑的四周挖排水沟,以防积水。在催芽过程中应注意经常翻倒,并保持一定的湿度,使种子接受外界条件均匀一致,发芽势整齐,同时防止种子腐烂。3 月下旬至 4 月上旬种子吸水膨胀,开始萌芽,待有 25%~30% 左右种子露白即可播种。

(3)圃地选择及整地消毒

● 圃地的选择　选地势较高,灌溉方便,土层深厚肥沃,排水良好的沙壤土为育苗地。土壤黏度较大时,可结合整地加入适量细沙或蛭石进行土壤改良,切忌选择土壤黏重内涝地块。

● 整地　整地时间以3月上中旬为宜。整地时施足基肥，每亩施腐熟有机肥3000kg左右，并施30~50kg复合肥，深翻耙细，拣去草根、杂物等。

● 土壤消毒　播种前3~4天用40%福尔马林加水50倍或多菌灵50%可湿性粉剂每平方米1.5g进行土壤消毒，也可每亩施50~100kg硫酸亚铁以防幼苗立枯病。另用50%辛硫磷800倍液每亩施200kg以消灭地下害虫。

（4）播种技术　'紫叶'黄栌育苗一般以低床为主，为了便于采光，南北向作床，苗床宽1.2m，长视地形条件而定，床面低于步道10~15cm，播种时间以3月下旬至4月上旬为宜。播前3~4天用福尔马林或多菌灵进行土壤消毒，灌足底水。待水下渗后按行距33cm拉线开沟，将种沙混合物稀疏撒播，每亩用种量6~7kg。下种后覆土约1.5~2cm，轻轻镇压、整平后覆盖地膜。同时在苗床四周开排水沟，以利秋季排水。注意种子发芽前不要灌水。一般播后2~3周苗木出齐。

也可采用分株繁殖。'紫叶'黄栌萌蘖力强，春季发芽前，选树干外围生长好的根蘖苗，连须根掘起，栽入圃地养苗，然后定植。

'紫叶'黄栌还可采用扦插繁殖。春季用硬枝扦插，需搭塑料拱棚，保温保湿。生长季节在喷雾条件下，用带叶嫩枝插，用400~500mg/L吲哚丁酸处理剪口，30天左右即可生根。生根后停止喷雾，待须根生长时，移栽成活率较高。

2. 养护管理

（1）水分管理　苗木出土后，根据幼苗生长的不同时期对水分的需求，确定合理的灌溉量和灌溉时间。一般在苗木生长的前期灌水要足，但在幼苗出土后20天以内严格控制灌水，在不致产生旱害的情况下，尽量减少灌水，间隔时间视天气状况而定，一般10~15天浇水一次；后期应适当控制浇水，以利蹲苗，便于越冬。在雨水较多的秋季，应注意排水，以防积水，导致根系腐烂。

（2）间苗、定苗　由于黄栌幼苗主茎常向一侧倾斜，故应适当密植。间苗一般分2次进行：第一次间苗，在苗木长出2~3片真叶时进行。第二次间苗在叶子相互重叠时进行，留优去劣，除去发育不良的、有病虫害的、有机械损伤的和过密的苗木，同时使苗间保持一定距离，株距以7~20mm为宜。另外可结合一、二次间苗进行补苗，最好在阴天或傍晚进行。

（3）追肥　本着"少量多次、先少后多"的原则。幼苗生长前期以氮肥、磷肥为主，苗木速生期应以氮肥、磷肥、钾肥混合，苗木硬化期以钾肥为主，停施氮肥，以促进苗木木质化，提高苗木抗寒越冬能力。

（4）松土除草　松土结合除草进行，除草要遵循"除早、除小、除了"的基本原则，有草就除，谨慎作业，切忌碰伤幼苗，导致苗木死亡。

【病虫害防治】

（1）黄栌立枯病　造成根部或根颈部皮层腐烂，严重时造成病苗萎蔫死亡。

防治方法：清洁庭园卫生，及时处理病株，喷洒 50% 的多菌灵 50% 可湿性粉剂 500~1000 倍液或喷 1:1:120 倍波尔多液，每隔 10~15 天喷洒 1 次。

（2）白粉病　　初期叶片出现针尖状白色粉点，逐渐扩大成污白色圆形斑，病斑周围呈放射状，至后期病斑连成片，严重时整叶布满厚厚一层白粉，全树大多数叶片为白粉覆盖。秋末正常叶片变为红色时，被白粉覆盖的病叶仍为暗绿色或黄色，并在白粉层上出现黑色小粒点。受白粉病危害的叶片组织褪绿，影响叶片的光合作用，使病叶提早脱落，不仅影响树势，还严重地影响观赏。病菌还侵染嫩梢。8 月底 9 月初，在叶片的白粉中出现小颗粒状物。初为黄色，颜色逐渐加深，最后变为黑褐色，为病菌的繁殖体，内含供传播和浸染的大量孢子。

防治方法：①园艺防治：秋季彻底清除落叶，剪除有病枯枝，就地销毁或运离病区，地面喷撒硫磺粉，以消灭越冬病原。加强肥水管理，增强树势，以增加抗病力；清除近地面和根际周围的分蘖小枝，能减轻或延缓病害发生。②药剂防治：发病初期喷洒 1 次 20% 粉锈宁 800~1000 倍液，有效期可达 2 个月；或喷洒 70% 甲基托布津 1000~1500 倍液数次。4 月中旬在地面上撒硫磺粉（15~22.5kg/hm^2），黄栌发芽前在树冠上喷洒 3 波美度石硫合剂。

（3）枯萎病　　枯萎病是黄栌的重要病害，轻者严重影响红叶景观，重者很快死亡。感病叶部表现为 2 种萎蔫类型：①黄色萎蔫型：感病叶片自叶缘起叶肉变黄，逐渐向内发展至大部或全叶变黄，叶脉仍保持绿色，部分或大部分叶片脱落。②绿色萎蔫型：发病初期，感病叶表现失水状萎蔫，自叶缘向里逐渐变干并卷曲，但不失绿，不落叶，2 周后变焦枯，叶柄皮下可见黄褐色病线。根、枝横切面上边材部分形成完整或不完整的褐色条纹。剥皮后可见褐色病线，重病枝条皮下水渍状。花序萎蔫、干缩，花梗皮下可见褐色病线，种皮变黑。病原菌是通过健康植物的根与先前受侵染的残体的接触传播，在土壤中的病体上存活至少 2 年。病原菌可直接从苗木根部侵入，也可通过伤口侵入。病害发展速度及严重程度，与黄栌主要根系分布层中的病原菌数量呈正相关。种植在含水量低的土壤中的树木以及边材含水量低的树木，萎蔫程度和边材变色的量都有所增加。过量的氮会加重病害，而增施钾肥可缓解病情。

防治方法：①挖除重病株并烧毁，以减少侵染源。②栽植抗病品种。③用土壤熏蒸剂处理土壤后再栽植黄栌。

（4）缀叶丛螟　　属于食叶性害虫危害黄栌的主要虫害之一。叶片被取食形成缺刻、焦黄，严重时叶片几乎光秃，树冠上仅剩丝网、叶表皮和碎片。不但使苗木种植成活率下降，影响黄栌正常生长，更会使秋季的红叶观赏效果明显降低。

防治方法：①人工防治：于缀叶丛螟幼虫危害时期（7~8 月）加强虫害巡查

预报，利用幼虫喜聚集在黄栌树冠下外围向阳处枝条和叶片上结网取食的特点，及时剪除缀巢，消除虫源。同样也可利用缀叶丛螟老熟幼虫下树作茧越冬的特点，挖虫茧减少越冬幼虫。②物理防治：利用缀叶丛螟成虫有较强的趋光性，在成虫羽化盛期即6月底至7月初于林间设置黑光灯诱杀成虫。③生物防治：保护利用缀叶丛螟的天敌，蛹期可利用真菌寄生，卵期天敌有螳螂类、瓢虫类、蚂蚁类。幼虫寄生性天敌有茧蜂类、姬蜂类等多种，捕食性天敌有山雀、麻雀、灰喜鹊、画眉、黄鹂、白头翁等多种益鸟。施用生物制剂白僵菌防治不同虫龄幼虫。④化学防治：利用缀叶丛螟幼虫危害期主要特点检查树冠上部和外围的虫巢和叶片上出现的被啃食成灰白色半透明的网状斑，此时期（7月中下旬）进行药剂防治效果最佳。可用3%高渗苯氧威乳油1000倍液、45%高效氯氰聚酯水乳剂1000倍液或20%除虫脲水剂800倍液，或25%灭幼脲乳油800倍液防治，防治效果较好，且均无药害发生。也可利用老熟幼虫下树越冬的习性，于9月初在黄栌树干上设置药环带，阻隔其下树越冬，从而降低翌年的虫口数量。

（5）蚜虫　危害叶片、嫩茎、花蕾和顶芽，造成叶片皱缩、卷曲，虫瘿以致脱落，严重时导致植株枯萎、死亡。

防治方法：可在早春刮除老树皮及剪除受害枝条，消灭越冬虫卵；蚜虫大量发生时，5~8月每15天喷洒一次40%氧化乐果或50%马拉硫磷乳剂或40%乙酰甲氨磷1000~1500倍液，也可喷鱼藤精1000~2000倍液。

45　'花叶'复叶槭

学　　名： *Acer negundo* 'Huaye'

类　　别： 引种驯化品种

通过类别： 审定

编　　号： 豫 S-ETS-AN-035-2014

证书编号： 豫林审证字381号

引 种 者： 遂平名品花木园林有限公司

【品种特性】　美国引进品种。叶初展时呈黄、白、粉复色，成熟叶呈现黄白色与绿色相间的斑驳状。适应性、抗逆性较强，耐旱、耐寒、耐烟尘、抗轻度盐碱。生长较快。

【适宜种植范围】　河南省各地。

【栽培管理技术】　怕水渍，栽培应选在地势高燥处，对土壤要求不太严格，但以疏松肥沃的砂质土壤为好，苗木移植以3月上旬为好。大苗移植需带土球。及早定干，统一定干高度，形成良好的冠形。具体技术参考《河南林木良种》（2008）'中豫青竹'复叶槭。

【病虫害防治】　主要有春季枯梢病和夏季刺蛾、天牛危害，应加强防治。

46　'金叶'复叶槭

学　　　名：*Acer negundo* 'Jinye'

类　　　别：引种驯化品种

通过类别：审定

编　　　号：豫 S-ETS-AN-036-2014

证书编号：豫林审证字 382 号

引　种　者：遂平名品花木园林有限公司

【品种特性】　欧洲引进品种。春季叶片金黄色，夏季渐变为黄绿色，不焦边。适应性、抗逆性非常强，萌芽力、分蘖力强，耐旱、耐寒、耐烟尘、抗轻度盐碱。

【适宜种植范围】　河南省各地。

【栽培管理技术】　该品种怕水渍，栽培应选在地势高燥处，对土壤要求不太严格，但以疏松肥沃的砂质土壤为好，苗木移植以 3 月上旬为好。大苗移植需带土球。及早定干，统一定干高度，形成良好的冠形。具体技术参考《河南林木良种》(2008) '中豫青竹'复叶槭。

【病虫害防治】　病害较少，虫害有天牛，发生时可喷布绿色威雷 800 倍液防治，效果较好。

47　'秋焰红花'槭

学　　　名：*Acer rubrum* 'Autumn Flame'

类　　　别：引种驯化品种

通过类别：审定

编　　　号：豫 S-ETS-AR-045-2015

证书编号：豫林审证字 444 号

引　种　者：河南名品彩叶苗木股份有限公司

【品种特性】　欧洲引进品种。春天叶前开出黄绿色的长柄的花朵。春夏叶子绿色；秋天开始叶片陆续变色，一段时间可以在一棵树上见到绿色、黄色、红色丰富的色彩，深秋全部变为宝石红色。

【适宜种植范围】　河南省各地。

【栽培管理技术】

1. 扦插繁殖

春插在 3~4 月进行，秋插在 10~11 月进行，多以阴棚扦插为主。夏插以全光雾扦插为主，多在 6~7 月份进行。

2. 嫁接繁殖

多以美国红枫为砧木。

（1）砧木培育

● 浸种、沙藏：播种一般在清明节前半个月先揉掉种子翅膀，温水浸泡美国红枫种子 12 小时。选择透气性良好的河沙，沙与种子按体积 3∶1 的比例混合，沙的湿度为手剂成团松开即散为宜。混合后放置室内催芽。

● 苗床准备：提前在土表撒施充分腐熟的有机肥，并深翻晒垡，耙平整细，做宽 1.2m 的苗床。

● 播种：一般情况沙藏 15~20 天美国红枫种子开始露白发芽，待种子达到 20% 露白时即可播种，每亩播种量为 3kg，在垄上按行距 20cm 开播种沟，将种子连同沙子播撒到开好的小沟内，播种要均匀。播种后在种子上盖一层潮湿细土，盖土厚度 0.5~1cm。

● 播后管理：在高床上方支塑料小拱棚，拱棚上支防晒网，两拱棚之间距离应当大于 20cm，以保持通风降温的效果。播种后 1 个月内是美国红枫出芽的关键时期，时常观察保持拱棚内温度和湿度，发现温度过高应立即通风。待苗长到 5~10cm 高时揭掉薄膜拱棚。防晒网继续保留，待苗子长到 20~30cm 后采用早晚揭开防晒网，中午盖上防晒网的方法炼苗，2 周后全部揭掉防晒网。待小苗长到 10cm 后即可喷施叶面肥或 03% 的尿素，施肥应当遵循少量多次的方法，不可一次过量，以防止烧苗。

（2）嫁接　春季采用带木质部芽接，夏季以大方块芽接为主。嫁接部分要尽量低，一般距地面 5cm，接后用塑料薄膜带扎紧，及时剪砧木，接芽萌动后，及时抹掉砧木上的萌发芽。待接穗和砧木充分愈合后，及时去除塑料薄膜带。

嫁接时首先要使砧木和接穗的形成层对齐，这样双方形成层所产生的愈伤组织才能尽快形成并愈合在一起，分化出各种必要的组织以保证营养的运输和接穗的发育。所以切口要平滑，切口斜度要一致，嫁接要快，同时砧木和接穗的切面要靠紧，嫁接后包扎紧，以减少水分的损失和污染，促进愈伤组织愈合。

3. 栽培管理

移栽多在春季 3~4 月进行，小苗可以裸根移植，大苗或大树需带土球移栽。'秋焰'红花槭宜选择背风向阳、地势平坦、土壤疏松肥沃、排水良好的中性土或砂质土地种植。

（1）田间管理　肥水管理。小苗在春季萌发前定植，定植不可过密。栽后要浇透定根水，隔 3 天再浇一次，封土保墒，使根系与土壤充分接触，以促进根系的生长。每年春季芽萌动前浇一次返青水，入冬前浇一次防冻水。雨季要做好排涝工作，防止水大烂根和水渍。在苗木定植成活抽梢半个月后，可喷施苗木专用叶面肥，也可用 0.2%~0.3% 的磷酸二氢钾和尿素的混合液，每间隔半个月喷施 1 次，能促使叶片生长，提高其光合强度，有效增加叶片抗日灼能力。

（2）整形修剪　'秋焰'红花槭萌蘖力强，注意及时抹芽修剪。修剪一般在生长季节进行。落叶后至休眠期修剪，易发生伤流现象。'秋焰'红花槭直立性强，因此应统一定干高度，及早进行定干，以利形成良好冠形。

【病虫害防治】　病害较少，一般不需要特殊防治，只要注意剪条后消毒防止病菌感染。

（1）黑螨　防治方法：①在绿化当中加大树的间距，一般在 5m 左右，可防止树与树之间的幼虫传播。②注重氮磷钾肥料的合理使用，并结合修剪，使红枫树生长旺盛，增强抗病虫害能力。③药物防治。早春树木发芽前用机油乳剂100 倍液喷树干，或晶体石硫合剂 50~100 倍液喷树干，以消灭越冬卵。危害严重时，用三唑锡或扫螨净1500~2000 倍液防治，或白红螨净 2000 倍液防治等。

（2）光肩星天牛　防治方法：①加强树木的栽培管理，增加树木的抗性，注意修剪，及时剪去病残枝。②人工捕捉成虫和幼虫，利用成虫羽化后在树干间活动，人工捕捉成虫，在产卵处用锥形物击打产卵槽，是有效的防治手段。③药物防治。用聚酯类药物防治，如高效氯氰菊酯 1500 倍液喷树干，或用此药800 倍液注射天牛排泄孔防治天牛。

48　银槭

学　　名：*Acer saccharinum*

类　　别：引种驯化品种

通过类别：审定

编　　号：豫 S-ETS-AS-046-2015

证书编号：豫林审证字445 号

引 种 者：河南名品彩叶苗木股份有限公司

【品种特性】　欧洲引进品种。茎有光泽，红色或褐色。叶片正面亮绿色，背面银白色；秋天变成灰、绿、黄、红褐色。

【适宜种植范围】　河南省各地。

【栽培管理技术】

1. 播种繁殖

银槭种子发芽很快，6 月收获后即可播种，采后晾晒 3~5 天，去杂后所得纯净果实，即可秋播或湿沙层积。春播于 2 月进行，条播，覆土1cm，然后盖草。播种量60~75kg/hm²。3 月下旬发芽出土，为防日灼，幼苗在 7~8 月需短期遮荫，浇水防旱，1 年生苗高可达 30～50cm。翌春分栽培育大苗，2 年生再行移栽，按照绿化需要，培育大规格的苗木。苗期应注重浇水防旱，施稀薄追肥，以促进生长。

2. 扦插繁殖

春插在 3～4 月进行，秋插在 10～11 月进行，多以阴棚扦插为主。夏插以全光雾扦插为主，多在 6～7 月进行。

3. 栽培管理

栽培管理参考'秋焰'红花槭。

49 '汴梁彩虹'菊花

学　　名：*Dendranthema morifolium* 'Bianliangcaihong'

类　　别：优良品种

通过类别：审定

编　　号：豫 S-SV-DM-052-2014

证书编号：豫林审证字 398 号

选 育 者：开封市农林科学研究院

【品种特性】　芽变品种。管瓣类贯珠型花序。盛开时直径达 30cm，橙黄色。

【适宜种植范围】　河南省各地。

【栽培管理技术】　'汴梁彩虹'菊花的栽培形式多种多样，有嫁接多本菊、原本多本菊、大型艺菊、独本菊、案头菊等。

1. 育苗

（1）扦插育苗　育好壮苗是培育品种菊的关键。育苗前要加强对母株的肥水管理，使母株的芽萌发得健壮而无病虫害。

●苗床准备：育苗采用全光间歇喷雾扦插繁殖，这种方法既可育出壮苗，又缩短了育苗时间。用插床或穴盘扦插育苗，地点应选在避风处，光照充足，排水方便，靠近水源和电源的地方。用砖砌成高 50cm、宽 1m 左右的插床，铺 20cm 厚的干净河沙作扦插基质，用高锰酸钾消毒后备插。穴盘育苗的基质应选择泥炭土等淋水快、透气好的基质。

●插穗的选择：选择顶芽饱满、叶腋无萌芽的健壮嫩梢，剪取 6～8cm 长作插穗，上部留 2～3 片叶，其余叶片全部剪除。扦插前，先用 800 倍多菌灵液对插穗消毒，稍后，速蘸 1000mg/kg ABT 生根粉进行扦插。

●扦插时间与方法：扦插时间为 5 月下旬至 6 月上旬，株型矮、花期晚、生长势弱的品种早插，反之则晚插。扦插时用小铲或木棍开沟，深 2～3cm，株行距 4cm×5cm，以叶片相接而不重叠为宜，放入插穗后用手将河沙压实。插后间歇喷雾。

●插后管理：扦插后的第 2 天早上或晚上喷 800 倍液的多菌灵避免感染发病。扦插初期，使叶面经常保持湿润，当愈伤组织形成后，可逐渐减少喷雾量。在喷雾期间，每隔 1 周喷一次 800 倍液多菌灵。一般情况下 15～20 天即可生根上盆。

（2）嫁接繁殖　为使菊花生长强健，用以做成'十样锦'或大立菊，可用黄蒿（*Artemisia annuaak*）或青蒿（*A. apiacea*）作砧木进行嫁接。秋末采蒿种，冬季在温室播种，或 3 月间在温床育苗，4 月下旬苗高 3～4cm 时移于盆中或田间，在晴天进行劈接。

（3）种子繁殖　菊花种子在 10℃以上缓慢发芽，适温 25℃。2～4 月间稀播，在正常情况下当年多可开花。

（4）组织培养　用组织培养技术繁殖菊花，有用材料少，成苗量大，脱毒、去病及能保持品种优良特性等优点。培养基为 MS+6BA=（6-苄基嘌呤）1mg/L+NAA（萘乙酸）0.2mg/L，pH 值 5.8。用菊花的茎尖（0.3～0.5mm）、嫩茎或花蕾（直径 9～10mm），切成 0.5cm 的小段，接种。室温 26℃±1℃，每日加光 8 小时（1000～1500lx）。经 1～2 个月后可诱导出愈伤组织。再过 1～2 月，分化出绿色枝芽。再将分化出来的绿色芽转移到 White+NAAI～2mg/L 培养基上，约 1 个月后可诱导生出健壮根系。又培养 1 个月，可种于室外。按原来培养液的半量浇灌，这是试管苗取得成功的关键。

2．栽培技术

（1）盆土　宜选用肥沃的沙质土壤，先小盆后大盆，经 2～3 次换盆，7 月可定盆。定盆可选用 6 份腐叶土、3 份沙土和 1 份饼肥渣配制成混合土壤。浇透水后放阴凉处，待植株生长正常后移至向阳处。

（2）浇水　春季菊苗幼小，浇水宜少；夏季菊苗长大，天气炎热，蒸发量大，浇水要充足，可在清晨浇一次，傍晚再补浇一次，并要用喷水壶向菊花枝叶及周围地面喷水，以增加环境湿度；立秋前要适当控水、控肥，以防止植株窜高疯长；立秋后开花前，要加大浇水量并开始施肥，肥水逐渐加浓；冬季花枝基本停止生长，植株水分消耗量明显减少，蒸发量也小，须严格控制浇水。浇水最好用喷水壶缓缓喷洒，不可用猛水冲浇。浇水除要根据季节决定量和次数外，还要根据天气变化而变化。阴雨天要少浇或不浇，气温高蒸发量大时要多浇，反之则要少浇。一般在给花浇水时，要见盆土变干时再浇，不干不浇，浇则浇透。但不要使花盆积水，否则会造成烂根、叶枯黄，引起植株死亡。

（3）施肥　在菊花植株定植时，盆中要施足底肥。以后可隔 10 天施一次氮肥。立秋后自菊花孕蕾到现蕾时，可每周施一次稍浓一些的肥水；含苞待放时，再施一次浓肥水后，即暂停施肥。如果此时能给菊花施一次过磷酸钙或0.1%磷酸二氢钾溶液，则花可开得更鲜艳一些。

（4）摘心与疏蕾　当菊花植株长至10cm高时，即开始摘心。摘心时只留植株基部4~5片叶，上部叶片全部摘除。待长出5~6片新叶时，再将心摘去，使植株保留4~7个主枝，以后长出的枝、芽要及时摘除。摘心能使植株发生分枝，有效控制植株高度和株型。最后一次摘心时，要对菊花植株进行定型修剪，去掉过多枝、过旺及过弱枝，保留3~5个枝即可。9月现蕾时，要摘去植株下端的花蕾，每个分枝上只留顶端一个花蕾。

3. 独本菊培养技术

其中独本菊每盆一株、一茎、一花，花朵硕大，一般株高40~60cm，能够充分体现出品种的特性，故常用于品种鉴定，又称品种菊或标本菊。在栽培上对独本菊的要求是：茎干粗壮，节间均匀，叶茂色浓，脚叶不脱，花大色艳，其花色和花姿能充分表现本品种的特点。

菊苗出床后，用小苗培养土（棉籽壳或锯屑5份、垃圾肥3份、黄沙2份，拌匀后过筛孔为1cm的筛子）将其栽植在12cm口径的小盆内，浇透水后进行遮荫养护。每天叶面喷水2~3次，5~7天后移出荫棚。小苗开始生长时，留3~5片叶摘心，摘心后上部的腋芽会很快萌发，选留较为粗壮的一个新梢培养。一个月后菊苗逐渐长大，倒盆到独头盆中继续生长。

入秋后，菊苗生长逐渐旺盛，开始每周浇施1~2次稀薄液肥，以后随着菊株的生长，浇肥次数逐渐增加，花朵透色后每天浇肥水，并结合叶面喷肥。

为了使品种菊的茎粗而壮，叶茂色浓，高度适中，定植后每10~15天喷一次500~1000倍液的比久，现蕾后停喷。花蕾形成后应及时除去侧蕾。开花后立杆支撑，用扎丝将花茎绑缚在立杆上，防止花大歪头，使其充分表现出特性，增强观赏效果。

【病虫害防治】

（1）斑枯病　又名叶枯病。4月中、下旬始发，危害叶片。

防治方法：收花后，割去地上全部植株，集中烧毁；发病初期，摘除病叶，并交替喷施1:1:100倍液波尔多液和50%托市津1000倍液。

（2）枯萎病　6月上旬至7月上旬始发，开花后发病严重，危害全株并烂根。

防治方法：选无病老根留种；轮作；作高畦，开深沟，降低湿度；拔除病株，并在病穴撒石灰粉或用50%多菌灵1000倍液浇灌。

（3）虫害　菊花一年四季均有栽植，为害虫和害螨提供了充足的养料与栖所。菊花主要害虫有蚜虫类、蓟马类、斜纹夜蛾、甜菜夜蛾、番茄夜蛾和二点叶螨等。次要的害虫有切根虫、拟尺蠖、斑潜蝇、粉虱、毒蛾、粉介壳虫、细螨等，应及时防治。

50 '汴梁黄冠'菊花

学　　名： *Dendranthema morifolium* 'Bianlianghuangguan'

类　　别： 优良品种

通过类别： 审定

编　　号： 豫 S-SV-DM-053-2014

证书编号： 豫林审证字 399 号

选 育 者： 开封市农林科学研究院

【品种特性】 芽变品种。匙瓣类匙球型花序。盛开时直径 25cm，金黄色。

【适宜种植范围】 河南省各地。

【栽培管理技术】 入秋后，菊苗生长逐渐旺盛，开始每周浇施 1~2 次稀薄液肥，以后随着菊株的生长，浇肥次数逐渐增加，花朵透色后每天浇肥水，并结合叶面喷肥。为了使品种菊的茎粗而壮，叶茂色浓，高度适中，定植后每 10~15 天喷一次500~1000 倍液的比久，现蕾后停喷。花蕾形成后应及时除去侧蕾。开花后立杆支撑，用扎丝将花茎绑缚在立杆上，防止花大歪头，使其充分表现出特性，增强观赏效果。具体技术参考'汴梁彩虹'菊花。

51 '郑农红玉'蝴蝶兰

学　　名： *Phalaenopsis aphrodita* 'Zhengnonghongyu'

类　　别： 优良品种

通过类别： 审定

编　　号： 豫 S-SV-PA-042-2013

证书编号： 豫林审证字 337 号

选 育 者： 郑州市农林科学研究所

【品种特性】 '郑农 2003-10'דう郑农 2003-12'杂交品种。花朵大（花朵横径 10~11cm），颜色亮丽（深玫瑰红色、鲜艳，边缘略带白晕），朵间距适中，花序排列整齐，上花萼后翻。株型好（叶片倾斜上扬，开张角度 30°~45°），利于提高植株的光合效率，单位面积植株的摆放密度大，节约温室空间。抗病性强，易栽培管理；耐热性和耐寒性较好。

【适宜种植范围】 河南省需设施栽培。

【栽培管理技术】 催花处理温度为夜温 16~18℃，日温 23~25℃。催花前一个月左右，调整肥料种类，选择 N:P:K = 10:30:20 高磷钾全料复合肥进行预处理，催花时使用 N:P:K = 9:45:15 的催花肥，处理 3~4 次。光照调整到

15000~20000lx，并保持到开花。花梗抽生完成后，待花梗长至 10cm 以上，进入花梗快速生长期，此阶段应控制环境温度为夜温 18~20℃，日温 26~28℃，同时在肥料的使用上，可以施用一次 N:P:K＝20:20:20 的平均肥以促进花梗的快速发育。再经过一个月左右的时间花梗开始自然弯曲，花苞发育开始，此阶段要适当控制夜温，保持昼夜温度与催花时温度一致，较低的温度和昼夜温差有利于花苞的发育，可以增加花朵数量，提高产品品质。待花苞发育 9~11 个，达到预期数量后适当提高温度，保持夜温 18~20℃，日温 26~28℃，可以促进花苞膨大。该阶段也可以根据上市时间，对温度进行调整，保证如期上市。催花及花期管理中温度管理非常重要，直接关系到花芽及开花的质量和上市期。切忌高温和温度的骤然变化。开花后，停止肥料的使用。具体技术参考《河南林木良种(二)》(2013)'郑农火凤凰'蝴蝶兰。

52　'郑农鸿运'蝴蝶兰

学　　　名： *Phalaenopsis aphrodita* 'Zhengnonghongyun'

类　　　别： 优良品种

通过类别： 审定

编　　　号： 豫 S-SV-PA-043-2013

证书编号： 豫林审证字 338 号

选 育 者： 郑州市农林科学研究所

【品种特性】 '红宝石'×'快乐天使'杂交品种。属红花品种，易增殖、好养植，生长势强；花箭整齐，花朵大、排序好，花色桃红，花型规整，花期长；抗病性强，耐热性和耐寒性较好。

【适宜种植范围】 在河南省需设施栽培。

【栽培管理技术】 将苗瓶放在温室内苗床上炼苗 10 天左右(前 7 天不开盖，最后 3 天把瓶盖打开)，栽入 1.5 寸(1 寸＝3.33cm)营养钵中。1.5 寸营养钵正常生长 4 个月后，换入 2.5 寸营养钵中；再生长 6 个月左右换至 3.5 寸的营养钵中。上钵后先浇一次清水，第二次开始浇肥水，施肥以 N:P:K＝20:20:20 的均衡肥肥液为主，小苗期 3000~4000 倍，中苗期和大苗期 2000~3000 倍；小苗期交替施用高氮肥，中苗期补充钙元素、大苗期增施镁元素和钙元素，中苗期和大苗期还要补充磷钾肥。施肥间隔时间夏秋季及晴朗天气 7~10 天，冬春季及阴雨天气 10~15 天。根据预期上市时间，倒推四个半月开始催花，适宜温度夜温 18~20℃、昼温 25~28℃；光照 5000~30000lx，相对湿度 60%~80%，促进花芽分化，适时通风。具体技术参考《河南林木良种(二)》(2013)'郑农火凤凰'蝴蝶兰。

【病虫害防治】 病害防治以预防为主。

西藏柏木

'黄淮1号'杨

'黄淮2号'杨

'中豫2号'杨

'普瑞'杨

'中宁珂'黑核桃

'中宁山'黑核桃

'豫杂 5 号'白榆

'豫引 1 号' 刺槐

'豫刺 9 号' 刺槐

'豫引 2 号' 刺槐

'豫刺槐 3 号' 刺槐

'豫刺槐 4 号' 刺槐

'毛四'泡桐

'豫林1号'香椿

'南四'泡桐

'中林 1 号'楸树

'中林 2 号'楸树

'杂四'泡桐

'金楸 1 号'楸树

'中滇 63 号'

'中滇 128 号' 滇楸

'中林 5 号' 楸树

'金丝楸 0432'

'中林 6 号' 楸树

'百日花'楸树

'宛银1号'银杏

'宛银2号'银

'中核4号'核桃

'契口'核桃

'豫丰'核桃

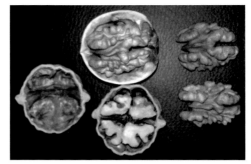

'豫香'核桃

'中宁魁'黑核桃

'中核香'核桃.

'宁林香'核桃果实

'宁林香'核桃果仁

'华仲11号'杜仲盛花期花枝

'中梨 4 号

'盘古香'梨

'早酥香'梨

'晚秀'梨

'中梨2号'梨

'红宝石'梨

'华山'梨

'圆黄'梨

'华丹'苹果

'富华'苹果

'华瑞'苹果

'华佳'苹果

'海尔特滋'树莓鲜果

'中蟠桃10号'

'中蟠桃 11 号'

'西王母'桃

'中桃 4 号'桃

'中桃红玉'桃

'玉美人'桃

'朱砂红 1 号'桃

'朱砂红 2 号'桃

'中油桃 13 号'桃

'黄金蜜桃 3 号'桃

'中桃 5 号'桃

'中桃 22 号'桃

'中桃紫玉'桃

'洛桃 1 号'桃

'玫香'杏

'济源白蜜'杏

'金抗' 杏李

'黄甘李1号' 李

'红宝' 樱桃

'嵩刺1号' 皂荚

'嵩刺 2 号'皂荚

'嵩刺 3 号'皂荚

'郑艳无核'葡萄

'郑美'葡萄

'贵园'葡萄

'洛浦早生'葡萄

'峰早'葡萄

'庆丰'葡萄

'阳光玫瑰'葡萄

'朝霞无核'葡萄

'郑葡1号'葡萄

'郑葡2号'葡萄

'红美'葡萄

'水晶红'葡萄

'神州红'葡萄

'金手指'葡萄

'夏黑'葡萄

'黑巴拉多'葡萄

'中猕2号'美味猕猴桃

'豫济'山桐子

'绿丰'石榴

'伏牛红硕'山茱萸

'伏牛红丹'山茱萸

'中柿1号'柿

'早甘红'柿

‘黑柿 1 号’柿

‘中柿 2 号’柿

‘唐河 1 号’栀子

‘金丰 1 号’金银花

‘辉县’油松母树林种子

'红皮'构树

'花皮'构树

'长纤'构树

'饲料'构树

'大红'杏

'金蝴蝶'构树

'蓝冰'柏

'古都瑞雪'牡丹

'吉星高照'牡丹

'花好月圆'牡丹

'争艳'牡丹

'艳后'牡丹

'紫岚'牡丹

'梦境'牡丹

'金光'牡丹

'光彩'牡丹

'粉扇'牡丹

'粉娥献媚'牡丹

'荷红探春'牡丹

'礼花红' 牡丹

'墨莲' 牡丹

'桃花恋春' 牡丹

'烟云紫' 牡丹

'玉蝶群舞' 牡丹

'紫霞'玉兰

'宛丰'望春玉兰

'粉荷'星花玉兰

'白玉'含笑

'粉背'银木

'雪球'小溲疏

'少球3号'悬铃木

'锦上添花'月季

'画春寿星'桃

'嫣红早花'桃

'银春'桃

'迎春'桃

'朱羽'合欢

'红叶'樱花

'重阳'紫荆的秋花

'晚霞'加拿大紫荆

'金帆'加拿大紫荆

'金叶'复叶槭

'花都瑞雪'紫荆

'紫叶'黄栌

'花叶'复叶槭

'秋焰红花'槭

'汴梁彩虹'菊花

银槭

'汴梁黄冠'菊花

'郑农鸿运'蝴蝶兰

'郑农鸿运'蝴蝶兰